Peter Selg **Koberwitz, Pfingsten 1924**

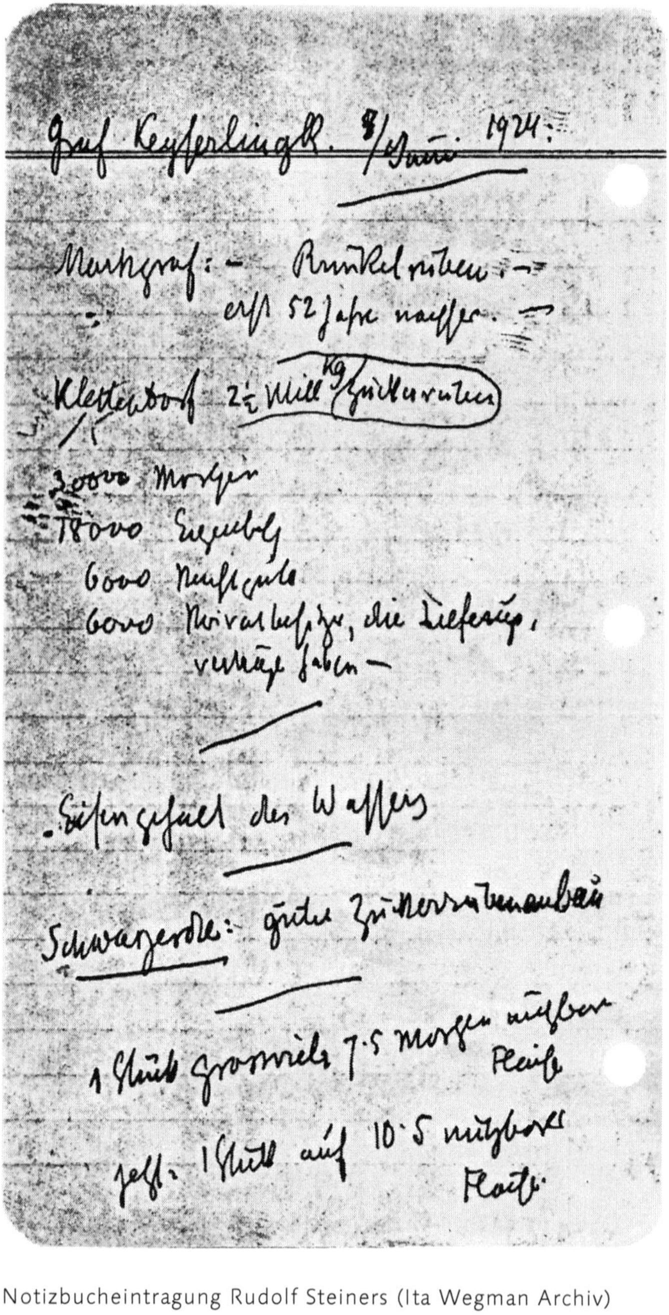

Graf Keyserlingk. 8/ Juni 1924.

Markgraf: – Runkelrüben –
erst 52 Jahre nachher. –

Klettendorf 2½ Mill kg Zuckerrüben

30000 Morgen
18000 Eigenbetrieb
6000 Neusiedler
6000 Privatbesitzer, die Lieferungsverträge haben –

Höhengefälle des Wassers

Schwarzerde: gute Zuckerrübenanbau

1 Stück Großvieh 7.5 Morgen nutzbare Fläche

jetzt: 1 Stück auf 10.5 nutzbare Fläche

Notizbucheintragung Rudolf Steiners (Ita Wegman Archiv)

Peter Selg

Koberwitz, Pfingsten 1924

Rudolf Steiner und der Landwirtschaftliche Kurs

RUDOLF STEINER VERLAG

2. Auflage 2019

www.steinerverlag.com

Satz: Bader. Kommunikation
Umschlag: Verlag
Druck und Bindung: Theiss GmbH, St. Stefan im Lavanttal
Printed in Austria
ISBN 978-3-7274-5400-4

«Hätte ich nicht für die Anthroposophie zu sorgen, würde ich Landwirt werden.»

Rudolf Steiner zu Graf Polzer-Hoditz

Inhalt

Einleitung

Rudolf Steiners «Landwirtschaftlicher Kurs», der zu Pfingsten 1924 im schlesischen Schloß Koberwitz, eine Bahnstunde von Breslau (Wrocław) entfernt, abgehalten wurde, schrieb sich – so der Kursteilnehmer Rudolf Meyer – in die «Annalen der Kulturgeschichte» ein, als ein «dem Untergang des Abendlandes abgerungener Neubeginn».[1] Tatsächlich formulierte Steiner seine acht Koberwitzer Fachvorträge nicht nur in einer schwierigen politisch-zeitgeschichtlichen Situation, sondern angesichts von Entwicklungen, die «den heutigen desolaten Zustand» der Landwirtschaft (Herbert H. Koepf) mit Notwendigkeit herbeiführten. Die alleinige Orientierung an Technik, Naturwissenschaft und ökonomischer Rentabilität, die zum forcierten Einsatz von Produkten der chemischen Industrie und zum raschen Verfall alter bäuerlicher Fähigkeiten und Naturbezüge führten, hatte den Bereich des Landbaus bereits im 19. Jahrhundert ergriffen; mit der Wende zum 20. Jahrhundert und gesteigerten Möglichkeiten der industriellen Produktion und Intervention (sowie der immer «rücksichtsloseren Integrierung der Landwirtschaft in das industrielle und finanzpolitische System»[2]) beschleunigte sich diese Entwicklungsrichtung dann noch einmal dramatisch. Die «Segnungen» des Materialismus für den Landbau, so Rudolf Steiner bereits 1924, waren und sind von trügerischem Charakter; das über viele Jahrhunderte aufgebaute bäuerliche Gemeinwesen, mit all seinen Lebensordnungen und Strukturen, aber auch der innere Wert des Hervorgebrachten verfielen – in Koberwitz sagte Rudolf Steiner:

> [...] Die wenigsten Menschen wissen ja, daß im Laufe der letzten Jahrzehnte sich innerhalb der Landwirtschaft das ergeben hat, daß alle Produkte, von denen der Mensch eigentlich lebt, degenerieren, und zwar in einem außerordentlich raschen Maßstab degenerieren.
>
> Es ist schon so, daß nicht etwa bloß die moralische Entwicklung der Menschheit in der Gegenwart [...] im Degenerieren ist, sondern es ist dasjenige, was der Mensch mit seinen Maßnahmen aus der Erde und aus dem, was unmittelbar darüber ist, gemacht hat, in einem raschen Degenerieren, das statistisch heute festgestellt ist, das besprochen wird in landwirtschaftlichen Vereinigungen zum Beispiel, dem gegenüber eben nur die Menschen machtlos sind. [...] Also es handelt sich dabei durchaus um eine Frage, die im allereminentesten Sinne eine, ich möchte sagen, kosmisch-irdische Frage ist. Gerade bei der Landwirtschaft zeigt es sich, daß aus dem Geiste heraus Kräfte geholt werden müssen, die heute ganz unbekannt sind, und die nicht nur die Bedeutung haben, daß etwa die Landwirtschaft ein bißchen verbessert wird, sondern die die Bedeutung haben, daß überhaupt das Leben der Menschen – der Mensch muß ja von dem leben, was die Erde trägt –, eben weitergehen könne auf Erden auch im physischen Sinne.[3]

Rudolf Steiner sprach vom Ende der «instinktiven Agrikulturweisheit»;[4] dasjenige, was über viele Jahrhunderte das Empfinden und Handeln der Bauern bestimmt hatte, ging mit dem forcierten Aufkommen und der wissenschaftlichen Umsetzung des Materialismus weitgehend zugrunde und gehörte im dritten Jahrzehnt des 20. Jahrhunderts bereits der Vergangenheit an; mit der «Erschöpfung der Traditionen» aber vollzog sich, so Steiner, auch die «Erschöpfung des Erdbodens», denn die zunehmende Ausbeutung der Ressourcen durch die gewinnorientierte Landwirtschaft führte zu einem fortschreitenden Verlust realer Lebenskräfte:

Die Traditionen verschwinden. Die Leute werden mit Wissenschaft die Äcker düngen. Die Kartoffeln, das Getreide, alles wird immer schlechter.

Das wissen auch die Leute, daß es schlechter wird, konstatieren es statistisch. Es ist heute nur eben erst das Sträuben vorhanden gegen praktische Maßregeln, welche ausgehen von demjenigen, was man in geistiger Anschauung gewinnen kann.

Daß man in diesen Dingen einmal richtig schaut, richtig sieht, das ist von einer ungeheuren Bedeutung.[5]

Rudolf Steiner war kein pathetischer Kulturkritiker; für ihn – wie für wenig andere weitblickende Menschen – war jedoch bereits in den ersten Jahrzehnten des 20. Jahrhundert hinreichend deutlich, daß die «Verbesserungen» der Landwirtschaft, die durch die intensive Anwendung von chemischen Düngungsverfahren und Schädlingsgiften, durch monotone Großanbauflächen, Ausrottung vieler Landschaftselemente und zahlreiche «verfahrentechnische» Neuerungen erzielt worden waren, nur vordergründig Bestand hatten. «In der richtigen Verteilung von Wald, Obstanlagen, Strauchwerk, Auen mit einer gewissen natürlichen Pilzkultur liegt so sehr das Wesen einer günstigen Landwirtschaft, daß man wirklich mehr erreicht für die Landwirtschaft, wenn man sogar die nutzbaren Flächen des landwirtschaftlichen Bodens etwas verringern müßte. Jedenfalls übt man keine ökonomische Wirtschaft aus, wenn man die Fläche des Erdbodens so weit ausnutzt, daß alles das hinschwindet, [...] und man darauf spekuliert, daß man dadurch mehr anbauen kann. Das, was man da mehr anbauen kann, wird eben in einem höheren Grade schlechter, als dasjenige beträgt, was man durch die Vergrößerung der Flächen auf Kosten der anderen Dinge erreichen kann. Man kann eigentlich in einem Betriebe, der so stark ein Naturbetrieb ist wie der landwirtschaftliche, gar nicht darinnen stehen, ohne in dieser Weise Einsichten zu haben in den Zusammenhang des Naturbetriebs, die Wechselwirkung des Naturbetriebs.»[6] Ungeachtet dieser Warnungen aber nahm die Zerstörung der Lebenswelten zugunsten einer maximierten Produktion immer weiter zu, nicht jedoch der organische Wert landwirtschaftlicher Erzeugnisse, entgegen äußerem Anschein:

> Nicht wahr – gewiß, man denkt nicht immer daran, aber unbewußt liegt das doch zugrunde –, man ist dann erstaunt als Landwirt, wenn man durch irgendeine Maßnahme augenblicklich große Erfolge erzielt, große Kartoffeln hat, etwas hat, was Größe hat, was schwillt. Ja, aber man geht von da aus nicht weiter in der Untersuchung, denn das alles ist nicht das Wichtigste bei der Sache. Das Wichtigste ist, wenn die Dinge an den Menschen herankommen, daß sie seinem Dasein am allergedeihlichsten sind. Sie können ja irgendwelche Frucht ziehen, die glänzend aussieht, auf dem Felde oder im Obstgarten, aber sie ist vielleicht für den Menschen nur magenfüllend, nicht eigentlich sein inneres Dasein organisch befördernd. Aber bis zu diesem Punkte, daß der Mensch die beste Art von Nahrung für seinen Organismus erhält, kann es ja diese Wissenschaft heute nicht bringen, weil sie dazu gar nicht den Weg findet.[7]

> Warum ist es heute unmöglich, solche Kartoffeln zu essen, wie ich sie noch in meiner Jugend gegessen habe? Es ist so, ich habe dies überall probiert. Man kann nicht mehr solche Kartoffeln essen, auch da nicht, wo ich sie damals gegessen habe. Es ist im Laufe der Zeit manches durchaus zurückgegangen in seiner inneren Nährkraft. Die letzten Jahrzehnte zeigen das im eminentesten Sinne. Weil man gar nicht mehr versteht die intimeren Wirkungen, die im Weltenall wirkend sind und die doch wiederum gesucht werden müssen [...].[8]

Für Rudolf Steiner war deutlich, daß der «Weg» der chemischen Industrie nicht der Weg einer Landwirtschaft der Zukunft ist. Notwendig war vielmehr eine neu zu findende, bewußte Einsicht in die Lebenskräfte und Gesetze, in das Sein der Organismen, in die verschiedenen Naturreiche und ihre irdische wie kosmische Bedingtheit. Die Landwirtschaft arbeitet im Lebendigen, mit dem Lebendigen und für das Lebendige – davon war die «instinktive Agrikulturweisheit» durchdrungen gewesen, aus einem alten Wissen heraus, das in einem langen Zeitprozeß traditionsbildend geworden war. Aus alten «Instinkten» heraus gingen die Landwirte über viele Jahrhunderte sorgfältig mit den Lebenskräften um, in der Beachtung zahlreicher Regeln und Handlungsanweisungen, die ihr Tun und Lassen bestimmten, vom Zeitpunkt der Aussaat bis zur Ernte – ein Kulturprozeß, der bereits im 19. Jahrhundert, in der – so Steiner – geistigen «Kulminationszeit» des Materialismus, weitgehend verdrängt und erschöpft war. 1924, als Rudolf Steiner seinen Koberwitzer Kurs hielt, war das Ende der «alten» Landwirtschaft nicht nur absehbar, sondern an vielen Orten bereits Realität geworden – obwohl die gentechnischen Manipulationen und viele industriepolitische Eingriffe noch der Zukunft angehörten. «Koberwitz» markierte in dieser Situation den Versuch eines radikalen Neubeginns – den Versuch einer geisteswissenschaftlichen Grundlegung einer neuen, wahrhaft ökologischen Landwirtschaft, die aus einer konkreten Einsicht in die mikro- wie makrokosmischen Voraussetzungen eines gesunden Landbaues arbeitet, in der Bemühung, *«im Einklang mit dem ganzen Kosmos positiv zu wirken».*[9]

Die Umsetzung der in Koberwitz eröffneten Perspektiven sollte Rudolf Steiner zufolge mit aller Kraft und Intensität versucht werden, insbesondere die neuen Wege zur organischen Düngung und damit Verlebendigung der Erde, die von ihm im Einzelnen angegeben worden waren. Ehrenfried Pfeiffer schrieb über ein Gespräch mit Rudolf Steiner in Dornach, unmittelbar nach Steiners Rückkehr aus Koberwitz:

> Die Frage, ob man nun zunächst Versuche zur Einführung der neuen Methode anstellen solle, beantwortete er in dieser Weise: «Es kommt vor allem darauf an, daß die Segnungen der Präparate möglichst großen Landflächen über die ganze Erde hin zugeführt werden, zur Heilung der Erde, und um die Nahrungsqualität der Feldfrüchte in umfassendstem Maß zu verbessern. Darauf sollte man das Augenmerk richten. Die Versuche könnten dann später noch gemacht werden.»[10]

Ebenfalls zu Ehrenfried Pfeiffer sagte Rudolf Steiner:

> Um die Mitte des Jahrhunderts muß die geisteswissenschaftliche Erkenntnis Lebenspraxis geworden sein, um unsagbares Unheil an der Gesundheit der Natur und des Menschen zu verhindern.»[11]

*

Obwohl die grundsätzliche Stimmung des Koberwitzer Pfingstkurses licht und zukunftsbezogen war, stand die gesamtzivilisatorische Problematik im (zumeist unthematisierten) Hintergrund all dessen, was von Rudolf Steiner vorgebracht wurde. In seinen Karma-Vorträgen von Breslau streifte er kurz die «kulturgeschichtliche Aufgabe» der Anthroposophie im Spannungsfeld der bestehenden Ost-West-Problematik, ja deutete den möglichen Untergang der westlichen Zivilisation an und sprach von ihrem (potentiell) «furchtbaren Schicksal».[12] Auch in den mittäglichen Tischgesprächen in Schloß Koberwitz (einer «Insel von Ruhe und Ordnung»[13]) äußerte sich Rudolf Steiner wiederholt sehr deutlich – «‹*Europa sitzt auf einem Vulkan und merkt es nicht*›, konnte er in jenen Tagen aus der tiefen Sorge um die Zukunft unserer abendländischen Zivilisation sagen. Wenn man zwischen den Kursveranstaltungen an den Tischgesprächen Anteil haben konnte, hörte man Rudolf Steiner auf das von neuem heraufziehende Weltgewitter wie auf etwas Unabwendbares hindeuten. Er sprach von der Zerstörung der mitteleuropäischen Städte.» (Rudolf Meyer[14]) Was in dieser Weise für die meisten Menschen im Umkreis von Rudolf Steiners nicht nur erschreckend, sondern befremdlich wirkte – und weit ab von den landwirtschaftlichen Aufgaben und Sorgen zu liegen schien –, war für Steiner eine wahrnehmbare Zeitsignatur; eine Zeitgestalt, die die Landwirtschaft betraf, und doch weit über sie hinausging. «Wir haben heute nicht nur den Untergang des Abendlandes in bezug auf die Kultur der Seelen, sondern auch tief hineingehend in die andern Naturreiche, zum Beispiel in bezug auf die Agrikultur.»[15] Die Zerstörungsprozesse der mitteleuropäischen Zivilisation, die 15 Jahre später mit dem Beginn des Zweiten Weltkrieges in massiver Weise deutlich wurden, standen Rudolf Steiner bereits 1924 vor Augen. Die ökonomische und industriepolitische Situation in Mitteleuropa – und insbesondere in Deutschland – war schwierig und angespannt. Zwar war es durch die Währungsreform in November 1923 gelungen, der Inflation Einhalt zu gebieten, dennoch waren die Reallöhne weiter zurückgegangen – und die Arbeitslosigkeit in Deutschland lag bei über 11 %. Fünfeinhalb Jahre nach Beendigung des Ersten Weltkrieges lebte nahezu ein Sechstel der deutschen Bevölkerung von der öffentlichen Fürsorge. Eine zuvor unbekannt hohe Unternehmenskonzentration bestimmte das innerdeutsche Geschehen – wenige, machtvolle Großbetriebe beherrschten den Markt und forcierten den Rationalisierungsprozeß und die Mechanisierung der Produktion, mit einem weiteren Verlust von Arbeitsplätzen. Über seine Gutsbesichtigung von Schloß Koberwitz sagte Rudolf Steiner kurz nach seiner Rückkehr:

> Man schaute sich dasjenige an, was auf dem Gute zu sehen war, wobei natürlich immer in alle diese Dinge in Mitteleuropa dasjenige hineinspielt heute, was sich so deutlich bemerkbar macht in der absolut zusammenbrechenden Wirtschaft. Ich meine das Wirtschaftsleben im allgemeinen. Das Gut Koberwitz ist ja in

> ausgezeichneter Weise bewirtschaftet, die Landwirtschaft muß ja natürlich fortgehen, aber das Wirtschaftsleben ist schon in einem furchtbaren Zustande in Deutschland.[16]

Im «Landwirtschaftlichen Kurs» hieß es an einer Stelle:

> Sehen Sie, dieses ganze neuzeitliche Geistesleben hat ja insbesondere in Bezug auf [seinen] wirtschaftlichen Charakter zerstörerische Formen angenommen, deren zerstörerische Bedeutung von vielen Menschen heute noch kaum geahnt wird.[17]

Drei Monate vor Beginn der landwirtschaftlichen Vorträge hatte in München der Prozeß gegen die Putschisten vom November 1923 begonnen, gegen Adolf Hitler, General a. D. Erich Ludendorff und acht weitere Nationalsozialisten. Der Vormarsch rechtsradikaler Kräfte, die sich die politisch und ökonomisch instabile Situation zunutze machten, war Ende 1923 für die gesamtdeutsche Öffentlichkeit wahrnehmbar geworden, auch wenn Hitler mit seinem ersten Umsturzversuch noch keinen Erfolg hatte. Der Prozeß in München, der Ludendorff nach vier Wochen rehabilitiert in Freiheit setzte (und ihn vorübergehend an die Spitze der nationalsozialistischen Bewegung brachte), aber auch die anderen Angeklagten mit mildesten Urteilen versah, wurde für Hitler zu einem großen Erfolg; er führte vor der versammelten Presse agitatorische Reden und gewann weiter an Popularität – in seiner sechsmonatigen Festungshaft (unter luxuriösen Bedingungen) konnte er sich seiner Besucher und Postzuschriften kaum erwehren; dort schrieb er seine zentrale, programmatische Schrift *Mein Kampf*, in der er seine Auffassung des völkischen Nationalismus, des germanischen Führertums und einer antisemitischen Rassen- und Vernichtungslehre detailliert entfaltete.

Gesamteuropäisch war der Faschismus 1924 bereits Teil der bestehenden Welt – zwei Monate vor Beginn des Koberwitzer Kurses wurde Benito Mussolinis Duce-Position in den italienischen Parlamentswahlen nachhaltig gestärkt, unter Verwendung von Terrormethoden und Wahlmanipulationen. Im östlich von Koberwitz gelegenen Rußland baute dagegen Stalin nach dem Tode Lenins seine Macht aus. Lenin, der am 21. Januar 1924 in Gorki bei Moskau gestorben war, hatte noch zuletzt vor Stalin gewarnt: «Genosse Stalin hat, nachdem er Generalsekretär geworden ist, eine unermeßliche Macht in seinen Händen konzentriert, und ich bin nicht überzeugt, daß er es immer verstehen wird, von dieser Macht vorsichtig genug Gebrauch zu machen.»[18] Das Nobelpreiskomitee des norwegischen Parlamentes sollte 1924 – wie auch im Vorjahr 1923 – zum allgemeinen Bedauern keinen geeigneten Kandidaten für den Friedensnobelpreis finden; dagegen wurden in Amerika neue Methoden des Tötens erprobt, die ab 1943 von Adolf Hitler in den polnischen Konzentrationslagern im weiteren Umkreis von Breslau im großen Maßstab zur Anwendung kommen sollten: Am 8. Februar 1924, vier Monate vor Beginn der Koberwitzer Pfingsttagung, war im Staatsgefängnis von Nevada ein Todesurteil erstmals in einer Gaskammer vollstreckt worden, in der «schnellsten und humansten Methode, einen Menschen zu töten», wie deren Initiator, Major D. A. Turner, vor der Presse bekannt gab.[19]

*

«Anthroposophische Tagung in Breslau anläßlich des Landwirtschaftlichen Kurses in Koberwitz», so lautete der gemeinsame Titel einer Einladung, die die anthroposophisch orientierten Landwirte nach Koberwitz, die Mitglieder der Anthroposophischen Gesellschaft dagegen nach Breslau einlud, wo an den Abenden der Koberwitzer Lehrstunden Karma-Vorträge, Klassenstunden, Eurythmieaufführungen und ein Sprachkurs stattfinden sollten. Der Gesamtumfang der Veranstaltungen in der Pfingstzeit des Jahres 1924 war enorm; «es gehörte viel aus dem Geiste der

Anthroposophie geborener Enthusiasmus und eine tiefe Liebe zur Sache dazu, um in solcher Art diese Tagung zu gestalten»,[20] sagte Rudolf Steiner würdigend über Graf und Gräfin Keyserlingk, deren Haus im organisatorischen Zentrum der Großveranstaltungen stand. Die geisteswissenschaftliche Arbeit aber lag bei Rudolf Steiner selbst – und die landwirtschaftlichen Vorträge waren nur ein Teil dessen, was Steiner in Koberwitz und Breslau im Juni 1924 zu leisten hatte, 63 Jahre alt, von angegriffener Gesundheit und im letzten Jahr seines Erdenlebens stehend. Am 14. Juni teilte er Ita Wegman in einer knappen Tagesbeschreibung mit:

> Es ist hier wirklich ein bißchen viel in das Programm hineingesteckt. Ich will Dir nur die gestrige Tages-Ausfüllung hieher setzen. ½ 9 bis ½ 11 war Dr. Engel mit Patienten da; ½ 12–1 der Kursusvortrag für Landwirte; 2–3 die Besprechung darüber – dann kamen andre Leute zur Besprechung. Dann Fahrt nach Breslau; 6–7 Klassenstunde; 8–9 Mitgliedervortrag. Aber eigentlich bin ich doch davon befriedigt. Es kamen doch so viele Menschen aus allen möglichen Gegenden hier zusammen; und Breslau hat an sich schon recht viele Mitglieder. Und man muß doch darauf sehen, daß diese Leute möglichst viel bekommen.[21]

Die allermeisten Teilnehmer der Landwirtschaftsvorträge erlebten in der Tat das Ganze – den Gesamtumfang von Rudolf Steiners Beiträgen in Koberwitz und Breslau, in ihren verschiedenen Schwerpunkten, Dimensionen und Akzenten. Am Ende der Tagung erreichte Ita Wegman der Bericht eines ärztlichen Teilnehmers, in dem es hieß:

> Unsere herrliche Pfingsttagung ist nun vorüber. Es war so unsagbar schön. [...] Der landw. Kurs, an dem ich auch teilnehmen durfte, von größter weltgeschichtlicher Bedeutung. Die vielen Mitgliedervorträge, die Klassenveranstaltungen,

> die Jugendbesprechung, die Eurythmie-Aufführung – alles so unsagbar herrlich. Sie werden ja von all dem hören – es gab auch viel speziell Medizinisches.[22]

Rudolf Steiners Hörer, die Landwirte, aber auch die Teilnehmer aus anderen Berufsgruppen, waren tief bewegt von dem Gehörten und Erlebten. Der Landwirt und Priester der Christengemeinschaft, Rudolf von Koschützki – der wie seine Priesterkollegen Rudolf Meyer und Kurt von Wistinghausen am «Landwirtschaftlichen Kurs» und den Breslauer Veranstaltungen teilnehmen konnte –, schrieb an den Gesamtpriesterkreis:

> Wenn ich versuche, den Eindruck des Gottesgeschenks dieser Pfingsttage auszudrücken, so muß ich Euch sagen, daß das nur jemand verstehen kann, der wenigstens einmal in seinem Leben rasend verliebt war. Nun hebt dieses Gefühl aus dem Sinnlichen in das Geistige hinauf, so habt Ihr meinen Gesamteindruck.[23]

Koschützki sprach vom «Gottesgeschenk dieser Pfingsttage», in gehobener (oder erhobener) Stimmung. Aber auch Rudolf Steiner betonte nach seiner Rückkehr aus Koberwitz und Breslau den pfingstlichen Charakter der gesamten, hinter ihm liegenden Veranstaltung – *«Es war ein schönes Pfingstfest, ein recht anthroposophisches Pfingstfest.»*[24]

Der Inhalt der Koberwitzer (und Breslauer) Vorträge war intellektuell nicht leicht faßbar – und als Rudolf Steiner nach seinem dritten Landwirtschaftsvortrag Graf Keyserlingk an der Treppe des Schlosses fragte, ob er in seinen Ausführungen verständlich geworden sei, bekam er von diesem zu hören: «Nein, Herr Doktor, ich habe nichts verstanden.»[25] Dennoch erlebte Rudolf Steiner schon in Koberwitz, daß die ihm zuhörenden Landwirte den Zukunftsinhalt auf ihre Weise aufnehmen konnten.

Steiner fand eine «aufnahmebereite, zukunftsoffene, überwiegend jugendliche Gemeinschaft von Menschen»,[26] die von der Substanz des «Landwirtschaftlichen Kurses» in ihrem Herzen und ihrem Willen bewegt waren, den in Koberwitz eröffneten Impuls aufgriffen und in die Zukunft trugen. Nicht Rudolf Steiner, sondern die Gemeinschaft der in Koberwitz versammelten Landwirte begründete die biologisch-dynamische Landwirtschaft als eine soziale Realität – vorausgegangen aber war das gemeinsame «Pfingsterlebnis» in Koberwitz,[27] in schwieriger Zeitlage und unter bedrohlichen Vorzeichen. Es komme auf das «unbedingte Arbeiten» an, sagte Rudolf Steiner im Schloß des Grafen Keyserlingk; zu dieser gemeinsamen Arbeit war die Gruppe der Landwirte bereit – jeder in seinem eigenen Ich und auf seinem eigenen Anwesen, doch in Verbindung miteinander.

Rudolf Steiner sah die sich anbahnende Entwicklung, freudig und hoffnungsvoll – er sprach von dem, «wie ich glaube, *fruchtbaren* landwirtschaftlichen Kurs».[28] Rudolf Steiner war nach Koberwitz, trotz vieler Sorgen, guter Dinge – «weil es vielleicht nun doch gelingt, auf einem bestimmten Gebiete, vom Anthroposophischen ausgehend, ins unmittelbare Leben hinein auch etwas zu bringen.» Weiter sagte er kurz nach seiner Rückkehr in Dornach im Hinblick auf das in Koberwitz Erlebte:

> Denn man sieht, es kann auf anthroposophischem Gebiete von beiden Seiten her, von dem höchst Spirituellen und von dem ganz Praktischen, von beiden Seiten her kann mitgewirkt werden. Und eigentlich erst dann wird richtig gewirkt, wenn diese beiden Seiten etwas ineinander verweben und miteinander in vollste Harmonie gebracht werden.
>
> Die Fehler, die da im anthroposophischen Wirken sehr leicht entstehen können, die entstehen ja eben gerade dadurch, daß auf der einen Seite dasjenige, was spirituell ist, nicht ins wirkliche Leben übergeht, daß es eine Art Theorie, oder eine Art,

> ich möchte sagen, Glaube an Worte bleibt, nicht einmal an Gedanken, sondern Glaube an Worte bleibt, daß auf der anderen Seite wiederum nicht die Einsicht in richtiger Weise beizubringen ist, daß in das unmittelbar praktische Handhaben das Spirituelle wirklich eingreifen kann.[29]

Zugleich wußte Rudolf Steiner, daß die anthroposophischen Landwirte – wie auch die Mediziner, Pädagogen und Heilpädagogen – am Beginn eines schwierigen Weges standen. «*Aber gerade darum handelt es sich, daß man nicht immer den Mut verliert, sondern weiß, es kommt nicht auf den Augenblickserfolg an, sondern auf das unbedingte Arbeiten.*»[30]

*

Die vorliegende Monographie versucht, die Situation und Atmosphäre, den Kontext des Kurses sowie einige intentionale Aspekte seines Inhaltes – und der ihn flankierenden Breslauer Vorträge – annähernd zu beschreiben, unter Berücksichtigung der vorliegenden Literatur und zahlreicher Archivmaterialien. Über die landwirtschaftlichen Vorträge Rudolf Steiners wurde mancherlei veröffentlicht, im sichtenden Überblick, zur Einführung und im Detail – und Herbert H. Koepf gelang es 2001, nach jahrzehntelangen Studien, die Entwicklungsgeschichte der biologisch-dynamischen Wirtschaftsweise im 20. Jahrhundert in ihrem ganzen Verlauf zu beschreiben.[31] Der umgrenzte, spezifische Beitrag des nun vorgelegten Buches ist der Blick auf Rudolf Steiner, auf die Entstehung und den Vollzug des Kurses – in der versuchten Wiederannäherung an einen geistigen Lebensprozeß, der sich 1924 zutrug, aber bis in die Gegenwart in gewisser Hinsicht nacherlebt werden kann. «Koberwitz» war und ist – auch – ein Element der Werkbiographie Rudolf Steiners, der Entfaltung der Anthroposophie in der Zeitsituation des beginnenden 20. Jahrhunderts, eines Mysterienwissens neuer Art. Fünf Monate nach der Begründung der «Freien Hochschule für Geisteswissenschaft» in Dornach gehalten, gehörte der Koberwitzer Kurs zu Rudolf Steiners Bemühungen, das neue Wissen den einzelnen Lebensfeldern zugute kommen zu lassen, den in ihr tätigen und nach Erneuerung suchenden Menschen. Inwieweit dies in Koberwitz für den Bereich der Landwirtschaft gelingen würde, war Rudolf Steiner zum Zeitpunkt seines Reiseantritts selbst nicht klar; studiert man seine diesbezüglichen Aussagen, so wird zumindest anfänglich deutlich, daß auch er von den Pfingsttagen 1924 freudig überrascht war – nicht nur von der Aufnahmebereitschaft der Teilnehmer, sondern auch vom Umfang dessen, was er selbst geistig entfalten konnte.

Die in dieser Schrift vorgenommene Zentrierung auf die *Gesamttagung* von Koberwitz und Breslau, d. h. die zumindest skizzenhafte Thematisierung auch derjenigen Geschehnisse, die sich außerhalb der landwirtschaftlichen Vorträge vollzogen und direkt mit Rudolf Steiner verbunden waren, versucht nicht nur, die geistige Atmosphäre der besonderen Juni-Tage des Jahres 1924 wahrnehmbar und – partiell – nacherlebbar werden zu lassen, sondern rechtfertigt sich aus dem realen Erlebnisraum der damaligen Teilnehmer, darunter über 80 Landwirte. Indem diese auch die anderen Darstellungen Rudolf Steiners hörten – und Rudolf Steiner selbst erlebten –, wurde «Koberwitz» für sie weitaus mehr als «nur» der Inhalt der acht methodischen Landwirtschafts-Vorträge, zu denen sie angereist waren. Es ist meines Erachtens wesentlich zu berücksichtigen, daß die innere Motivation und möglicherweise auch die helfenden Kräfte zur Umsetzung des neuen Landbaus aus der Substanz des in Koberwitz und Breslau *gesamthaft* Wahrgenommenen erwuchsen, aus dem Vertrauen und der Verbindung mit jener Anthroposophie, die von Rudolf Steiner vorbildlich dargestellt und gelebt, ja geradezu verkörpert wurde. – Auch ist zu bedenken, daß wesentliche Träger der zukünftigen Entwicklungen im Juni 1924 junge Menschen waren.

Zu dieser Jugendgeneration sprach Rudolf Steiner in Breslau und Koberwitz auch separat, für viele von ihnen war der michaelische Duktus dieser eindrucksvollen Darstellungen lebensentscheidend. Einzelne wurden in der neuen Landwirtschaft aufbauend tätig, andere setzten sich auf angrenzenden Feldern für den vernommenen Impuls ein, mit großem Zukunftselan und ausstrahlender Wirksamkeit. Berücksichtigt und bedenkt man diese Zusammenhänge, so weitet sich der Blick über die landwirtschaftlichen Vorträge hinaus – um am Ende jedoch wieder zu ihnen zurückzukehren, mit neuer und geschärfter Aufmerksamkeit, zu ihrer eindrucksvollen, noch immer zukunftsweisenden Größe und Gestalt. «Die Texte sind einer fortschreitenden Erweiterung des Verständnisses zugänglich – und erfordern kontinuierliches, meditatives Studium. Die innere Schulung geht ihren eigenen, dem Beruf angemessenen Weg.» (Herbert H. Koepf [32])

*

Die vorliegende Arbeit entstand im Ita Wegman Institut für anthroposophische Grundlagenforschung (Arlesheim), in dem Studien zur Lebens- und Werkgeschichte Rudolf Steiners und zur Anwendung der Anthroposophie in zentralen Lebensfeldern unternommen werden. Mein persönlicher Dank für ihr Zustandekommen gilt insbesondere Gerda von Keyserlingk, mit der ich in den letzten Jahren ihres Erdenlebens befreundet war und die mir das von Adalbert Keyserlingk, ihrem verstorbenen Ehemann, herausgegebene Buch *Koberwitz 1924 – Geburtsstunde einer neuen Landwirtschaft* sehr persönlich ans Herz legte. In ihm gab Adalbert von Keyserlingk, der Sohn Carl und Johanna von Keyserlingks, 1974 akribisch gesammelte Erinnerungsberichte von Teilnehmern und Mitarbeitern der Pfingsttagung heraus, sowie – in überarbeiteter und gekürzter Weise – die Erinnerungen seiner Mutter Johanna, die sie bereits 25 Jahre zuvor, 1949, in kleiner Auflage und hektographierter Weise veröffentlicht hatte *(Zwölf*

Tage mit Rudolf Steiner. Aus den Tagebuchblättern während des landwirtschaftlichen Kursus für meine Familie niedergeschrieben von Gräfin Johanna Keyserlingk geb. Skene of Skene). Johanna von Keyserlingks Erinnerungen – wie auch die der anderen Koberwitz-Teilnehmer – sind nicht fehlerlos; welch besonderes Zeugnis sie jedoch darstellen, wurde mir erst nach Gerda von Keyserlingks Tod klar. Keine andere Tagung zu Lebzeiten Rudolf Steiners wurde in dieser Weise rechtzeitig bei den Zeitzeugen «hinterfragt»; für wegweisende Großveranstaltungen der anthroposophischen Bewegung wie diejenigen von Arnheim, Penmaenmawr und Torquai – aber auch für die zentralen Dornacher Ereignisse, bis hin zur Weihnachtstagung – fehlen nahezu alle konkreten Erinnerungsberichte. Je deutlicher man erkennt, wie geistig wesentlich diese Ereignisse waren, desto schwerer wiegt das Versäumnis und der uneinholbare Verlust – in mehr als nur historischer Hinsicht. «Koberwitz 1924» aber wurde durch Adalbert und Gerda von Keyserlingk bis zu einem gewissen Ausmaß rechtzeitig dokumentiert – der einzige berufsspezifische Hochschulkurs nach der Weihnachtstagung, den Rudolf Steiner 1924 außerhalb von Dornach hielt, im Schloß der Familie Keyserlingk.

Darüber hinaus danke ich Walter Kugler einmal mehr für die Möglichkeit zur Berücksichtigung der Archivdokumente des Rudolf Steiner Archivs – und den Mitarbeitern des Rudolf Steiner Verlags für die gute Zusammenarbeit in der Herausgabe des Buches. Ohne Nikolai Fuchs' und Stefan O. Mahlichs Einladung, auf der Jahrestagung der Landwirtschaftlichen Sektion am Goetheanum 2009 über Rudolf Steiner und den Landwirtschaftlichen Kurs zu sprechen, wäre die Niederschrift nicht zum gegenwärtigen Zeitpunkt erfolgt – ihnen danke ich daher besonders für die erhaltene Anregung.

Ita Wegman Institut
Arlesheim, Dezember 2008

Peter Selg

1. Die Aussicht auf einen «privaten Lehrkurs»
Rudolf Steiner, die Landwirte und Schloß Koberwitz

Nun muß ich ja sagen, leicht ist es aber dennoch der Gräfin und dem Grafen Keyserlingk nicht geworden, diesen Kursus zu veranstalten, denn er war lange versprochen, und ich konnte immer wieder nicht hinkommen.

Rudolf Steiner[33]

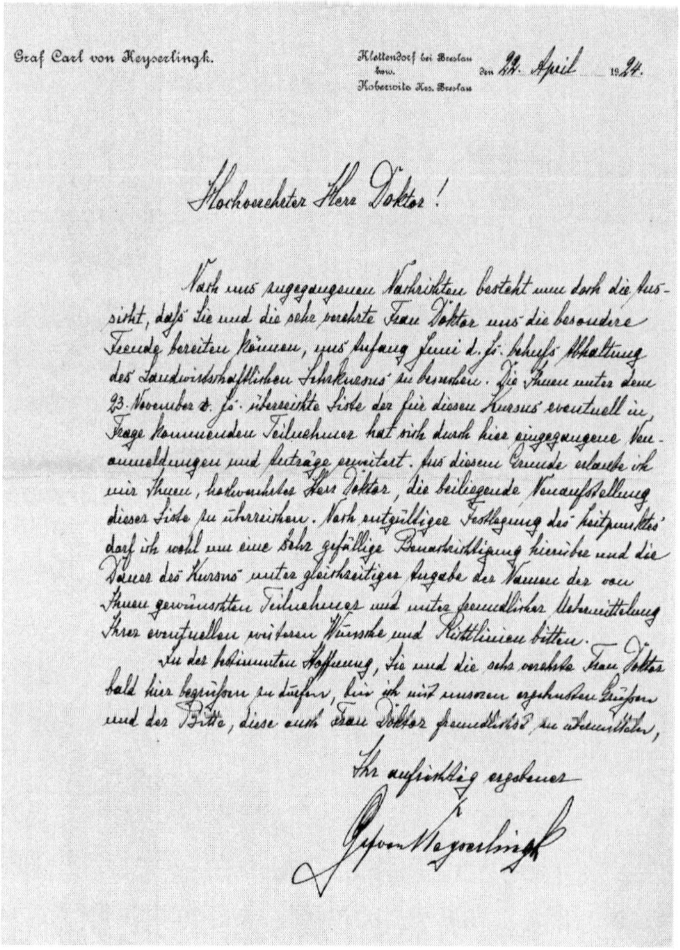

Graf Carl von Keyserlingk.

Klettendorf bei Breslau bzw. Koberwitz Krs. Breslau den 22. April 1924.

Hochverehrter Herr Doktor!

Nach uns zugegangenen Nachrichten besteht nun doch die Aussicht, daß Sie und die sehr verehrte Frau Doktor uns die besondere Freude bereiten können, uns Anfang Juni d. Js. behufs Abhaltung des landwirtschaftlichen Lehrkursus zu besuchen. Die Ihnen unter dem 23. November v. Js. überreichte Liste der für diesen Kursus eventuell in Frage kommenden Teilnehmer hat sich durch hier eingegangene Neuanmeldungen und Anträge erweitert. Aus diesem Grunde erlaube ich mir Ihnen, hochverehrter Herr Doktor, die beiliegende Neuaufstellung dieser Liste zu überreichen. Nach endgültiger Festlegung des Zeitpunktes darf ich wohl um eine sehr gefällige Benachrichtigung hierüber und die Dauer des Kursus unter gleichzeitiger Angabe der Namen der von Ihnen gewünschten Teilnehmer und unter freundlicher Übermittelung Ihrer eventuellen weiteren Wünsche und Richtlinien bitten.

In der bestimmten Hoffnung, Sie und die sehr verehrte Frau Doktor bald hier begrüßen zu dürfen, bin ich mit unseren ergebensten Grüßen und der Bitte, diese auch Frau Doktor freundlichst zu übermitteln,

Ihr aufrichtig ergebener

Graf von Keyserlingk

Brief Carl von Keyserlingks an Rudolf Steiner, 22. 4. 1924
(Rudolf Steiner Archiv)

Über seine Verbindung zur Landwirtschaft sagte Rudolf Steiner in Koberwitz:

> Ich bin herausgewachsen so recht aus dem Bauerntum. Ich bin der Gesinnung nach immer drin geblieben. Ich habe – es ist dies in meinem Lebensgang angedeutet –, wenn auch nicht auf so großen Gütern wie hier, aber in kleinerem Bereiche Kartoffeln gepflanzt, habe, wenn auch nicht gerade Pferde aufgezogen, so doch Schweine oder wenigstens mitgetan dabei, auch teilgenommen in unmittelbarer Nachbarschaft an der Kuhwirtschaft. Alle diese Dinge haben mir ja lange Zeit in meinem Leben nahe gestanden, und ich habe mitgetan und bin gerade dadurch wenigstens sozusagen in Liebe der Landwirtschaft geneigt, aus der Landwirtschaft herausgewachsen.[34]

Rudolf Steiners Kindheits- und Jugendjahre im niederösterreichischen «Wiener Becken», in den Gemeinden von Pottschach und Neudörfl, waren bäuerlich bestimmt gewesen. Rudolf Steiner, der noch in Dornach einen Dorfbauern durch seine Fähigkeit, mit der Sense umzugehen, beeindruckte,[35] hatte sich als Kind eingelebt in die alten Traditionen, Gebräuche und Vorgehensweisen der Landwirte, viele von ihnen aufgesucht und mitgearbeitet, *«in Liebe der Landwirtschaft geneigt»*. In seinen ersten Studienjahren an der Technischen Hochschule von Wien war Rudolf Steiner dann Felix Koguzki begegnet, einem wissenden Heilkräutersammler und Esoteriker alten, rosenkreuzerischen Schlages: «Er sammelte überall in den dortigen Gegenden die verschiedensten Pflanzen und verstand es, jede einzelne Pflanze aus ihrem Wesen, aus ihren okkulten Untergründen heraus zu erklären. In jenem Manne waren ganz ungeheure okkulte Tiefen. Es war bedeutsam, was mit ihm besprochen werden konnte, wenn man ihn auf seinen einsamen Wanderungen begleitete, oder wenn er, auf dem Rücken sein Bündel mit einer großen Anzahl von Pflanzen, die er gesammelt und getrocknet hatte, dann in die Hauptstadt fuhr [...].»[36] Der Kräutersammler Felix Koguzki, so Rudolf Steiner, sei «in die Geheimnisse der Wirksamkeit aller Pflanzen und ihres Zusammenhanges mit dem Kosmos und mit der menschlichen Natur vollkommen eingeweiht» gewesen.[37] Koguzki wurde Rudolf Steiner zu einem Freund und wesentlichen Gesprächspartner – über Zusammenhänge, mit denen Steiner sich mit niemand aussprechen konnte, die aber bereits damals, um sein 20. Lebensjahr, in seiner Seele lebten.

Auch sein Hochschullehrer Karl Julius Schröer lebte in Liebe zu jener Weisheit, die unter den Menschen des «einfachen Volkes» am Ende des 19. Jahrhunderts noch in letzten Ausläufern zu finden war – Schröer entdeckte die Oberuferer Weihnachtsspiele wieder, die in einem Bauerndorf nahe Preßburg seit dem Spätmittelalter aufgeführt wurden, und sprach darüber oft mit Rudolf Steiner.[38] Möglicherweise über Schröer, der auch intensive Forschungen zu Volkssprachen und -liedern, Dialekten und Mundarten unternahm, stieß Steiner, zwanzigjährig, auf die Lebensarbeit eines weiteren «Sonderlings», den gelehrten Dorfschullehrer Johannes Wurth, der in einem Nachbardorf von Felix Koguzki gewohnt hatte, jedoch bereits verstorben war. In einem Brief vom 3. August 1881 berichtete Rudolf Steiner einem seiner Freunde begeistert von seiner Beschäftigung mit Wurth – und erwähnte in diesem Zusammenhang seine Studien zu einer «Bauernphilosophie», die er in nächster Zeit ausarbeiten wolle.[39] Auch darauf kam Steiner in Koberwitz zurück – und sagte in einem Vortrag:

Es ist da schon sehr vieles in manchen Volkssprüchen enthalten, was dem heutigen Menschen noch wichtige Winke geben kann. Sehen Sie, ich hätte gestern gut auch das noch anführen können, daß ich unter den vielen Dingen, die ich in der diesmaligen Inkarnation machen sollte, aber wozu es nicht gekommen ist, als ganz junger Mensch die Idee gehabt habe, eine so genannte Bauernphilosophie zu schreiben, das Begriffsleben der Bauern in allen Dingen, von denen sie berührt werden, zu verzeichnen. Da hätte etwas ganz außerordentlich Schönes herauskommen können [...]. Es würde eine subtile Weisheit herausgekommen sein, eine Philosophie, die geradezu grandios sich über Intimitäten des Naturlebens ergeht, schon in der Wortbildung. Man ist ja wirklich erstaunt über das, was der Bauer eigentlich weiß von dem, was innerhalb der Natur vorgeht. Eine solche Bauernphilosophie zu schreiben, heute ist es nicht mehr möglich; in unserer Zeit haben sich die Dinge meist gänzlich verloren. Heute ist es nicht mehr so wie vor fünfzig, vierzig Jahren. Ja, das war etwas ganz außerordentlich Bedeutsames, denn da konnte man viel mehr lernen bei den Bauern als auf der Universität. Aber es war eben eine ganz andere Zeit, man lebte mit den Bauern auf dem Lande [...]. Heute ist die Welt ganz verändert. Die jüngeren hier anwesenden Damen und Herren haben gar keine Ahnung davon, wie die Welt sich verändert hat im Laufe der letzten dreißig bis vierzig Jahre. Und da ist heute schon sehr viel verloren gegangen, was von den eigentlichen Schönheiten vorhanden war in den Volksmundarten, noch mehr verloren gegangen von der eigentlichen Bauernphilosophie, die eine Art Kulturphilosophie war.[40]

*

Auf die instinktiven Wissensinhalte der alten Bauernkalender war Rudolf Steiner bereits vor Koberwitz in seinen frühen anthroposophischen Darstellungen vereinzelt eingegangen – so hatte er 1909 in Berlin in Vorträgen zur anthroposophischen Menschenkunde über die Zeitrhythmen in den Wesensgliedern der Tiere gesprochen und in diesem Zusammenhang unvermittelt gesagt:

> Glauben Sie nicht, daß diese Rhythmen nie klar erkannt worden sind. Wir werden noch zeigen können, daß es gar nicht so lange her ist, daß man wenigstens ein dunkles Bewußtsein von diesen Rhythmen hatte. Wer mit einem entsprechenden Bewußtsein durch die Welt geht, kann finden, daß in manchen Kalendern, die auf dem Lande gebraucht werden, in Bezug auf bestimmte Verhältnisse zwischen Tier und Land gewisse Regeln angegeben werden. Durch die Beobachtung dieser Regeln in solchen Bauernkalendern ordnete früher der Landmann seine ganze Landwirtschaft. In das bäuerliche Wissen war das Bewußtsein solcher Rhythmen hineingeheimnißt.[41]

Die «Bauernkalender», die Rudolf Steiner 1909 in Berlin erwähnte, waren bereits 1924 ein Relikt aus der Vergangenheit, aus einer – unwiderruflich – abgeschlossenen Zeit. Bewußtseinsgeschichtlich rückblickend bemerkte Rudolf Steiner in Koberwitz:

> Sehen Sie, das Leben des bäuerlichen Menschen, wie es sich abgespielt hat im Laufe der Jahrhunderte, ist ja heute im Grunde genommen nur noch eine Mythe. Denn dieses Leben ist seelisch etwas ganz anderes als dasjenige, was hinweg gehoben eigentlich aus allem Sein die Naturwissenschaft oder gar die Zivilisation in sich hat. Der Bauer war wirklich geistiger als der heutige Gelehrte. Und man konnte schon empfinden so in den sechziger, siebziger Jahren des vorigen Jahrhunderts, wie eine Art gerade im Bauerntum lebende Geistigkeit abstirbt.[42]

Die von der Technik immer mehr «übersponnene» Landwirtschaft, so Rudolf Steiner,[43] lebte nicht mehr in den alten Rhythmen,

Zusammenhängen und Empfindungen und verlor in gewisser Hinsicht ihr eigenes Wesen: «*Wenn Sie zu der heutigen materialistischen Wissenschaft gehen, so finden Sie nicht viel Liebe für die Landwirtschaft.*»[44]

In dieser Zeitsituation war eine Neubesinnung auf die geistigen Grundlagen und die Lebensbedingungen der Landwirtschaft notwendig – bereits 1915, neun Jahre vor dem Koberwitzer Kurs, hatte Rudolf Steiner in Dornach gesagt:

> Das aber wird der rechte und einzig richtige Weg sein, daß die Leitlinien der Geisteswissenschaft von den Menschen angenommen werden: Daß auf der einen Seite die Natur so wird beleuchtet werden, daß man mit den Leitlinien der Geisteswissenschaft die Natur, den Naturvorhang durchstößt. Aufblühen wird müssen eine Zoologie, eine Botanik, eine Landwirtschaft nach den Leitlinien der Geisteswissenschaft. Alles, auch die Medizin, wird von den Leitlinien der Geisteswissenschaft befruchtet werden müssen.[45]

*

Graf Carl von Keyserlingk lernte Rudolf Steiner und die Anthroposophie kurz nach dem Ende des Ersten Weltkriegs in Berlin kennen, über seine Frau Johanna und Eliza von Moltke.[46] Keyserlingk, der gelernter Landwirt und Offizier war und über große organisatorische und soziale Fähigkeiten verfügte, hatte als Vertreter des Kriegsministeriums in Budapest für die Nahrungsmittelversorgung der deutschen Südostarmee verantwortlich gewirkt – und arbeitete zum Zeitpunkt seiner Erstbegegnung mit Steiner als Direktor der landwirtschaftlichen Güter einer großen industriellen Unternehmensgruppe; sein Schwiegervater, mit dem er sich häufig auseinanderzusetzen hatte, war der Aufsichtsrat-Vorsitzende dieser Familien- und späteren Aktiengesellschaft: «Vom Rath, Schöller und Skene». Die 18 landwirtschaftlichen Güter, die einer Zuckerrohrfabrik assoziiert waren und Keyserlingk unterstanden, lagen im südlichen Umfeld von Breslau, im fruchtbaren Schwarzerdegebiet Schlesiens, und beschäftigten mehr als 1000 Mitarbeiter.

Keyserlingk, von «schlichter Herzensgüte und Bescheidenheit», war von Rudolf Steiners geistiger Gestalt und Aufgabe bereits nach der ersten Begegnung tief beeindruckt («Ja, sehen denn die Menschen nicht, wen sie vor sich haben!»[47]); nach dem Zeugnis seiner Ehefrau Johanna fand er in der Anthroposophie die lang gesuchten «Wiederaufbaukräfte für das zusammengebrochene Mitteleuropa».[48] Auch Rudolf Steiner erkannte und schätzte Carl von Keyserlingk; er unterstützte ihn in der Folgezeit in Begegnungen und Briefen in seiner schwierigen Arbeitssituation innerhalb der Unternehmensgruppe (deren Umwandlung in eine Aktiengesellschaft Keyserlingk gelang), und ermutigte ihn dazu, das ihm lange Zeit verweigerte Schloß Koberwitz als Wohnort für sich und seine Familie zu verlangen. Im Frühjahr 1920, zur Zeit des ersten Ärztekurses in Dornach, fand der Umzug in dieses Anwesen statt, das sechzig Räume aufwies und viele soziale Möglichkeiten bot. Eliza von Moltke war Keyserlingks erster Gast – «Über der kleineren, seitlichen Eingangstüre [des Schlosses] ließ ich die Buchstaben P. S. S. R. *(Per Spiritum Sanctum Reviviscimus)* anbringen – man glaubte, das seien die Initialen der Firma und achtete nicht weiter darauf.» (Johanna von Keyserlingk[49])

Rudolf Steiner bat Carl von Keyserlingk bald nach ihrer ersten Begegnung, die Aufsicht über die landwirtschaftlichen Güter der anthroposophischen Aktiengesellschaft «Der Kommende Tag» mit zu übernehmen, deren – vergleichsweise – kleinen Ländereien in Württemberg lagen, auf der Schwäbischen Alb und im Allgäu. Im Sommer 1920 fragte Keyserlingk Rudolf Steiner in einem persönlichen Brief, ob er trotz seiner fortbestehenden Schwierigkeiten innerhalb des schlesischen Großunternehmens weiterkämpfen oder aber seine Kräfte ganz dem «Kommenden Tag» zur Verfügung stellen sollte. Er sei, so Keyserlingk, bereit, sich mit seiner «ganzen Kraft und Persönlichkeit zur Verfügung [zu] stellen, falls dies überhaupt in Ihren Wünschen liegen sollte».[50] Carl von Keyserlingks großer Einsatz für die Sache der Anthroposophie lag im Bereich von Rudolf Steiners «Wünschen» – dennoch bestärkte er den Grafen darin, in seiner wesentlichen Position in Schlesien weiterzuwirken und diese nach Möglichkeit auszubauen. Johanna von Keyserlingk zufolge hatte Rudolf Steiner bereits 1919 zu Eliza von Moltke gesagt, Graf Keyserlingk könne Landwirtschaftsminister werden, sofern die Dreigliederungsbewegung zum Erfolg komme.[51]

Keyserlings anthroposophische und soziale Anliegen und Initiativen wurden in der Führungsetage der «Vom Rath, Schöller und Skene AG» nicht gerne gesehen. Keyserlingk hatte Sorge dafür zu tragen, die Höfe zu Mustergütern mit Höchsterträgen (in maximaler Effizienz) auszubauen; er selbst aber war zugleich darum bemüht, wesentliche und zukunfttragende Mitarbeiter «in die vorhandenen bzw. noch zu schaffenden landwirtschaftlichen Betriebe des Kommenden Tages» überzuführen,[52] die schlesischen Güter in sozialer Hinsicht weiterzuentwickeln und dem führenden Anthroposophen von Breslau, Rektor Moritz Bartsch, sowie dem dortigen Bund für Dreigliederung in ihren Aktivitäten beizustehen – auch auf den Gütern der Aktiengesellschaft selbst. Er sei bestrebt, so Keyserlingk in seinem Brief an Rudolf Steiner vom August 1920, «allmählich die Idee der Dreigliederung bei den Beamten, Arbeitern und Einrichtungen unserer hiesigen Betriebe einzuführen.»[53] Man nannte den Güterdirektor Carl von Keyserlingk den «roten Grafen», zum nachhaltigen Verdruß seines Schwiegervaters. Über Keyserlingks soziale Initiativen auf den schlesischen Gütern schrieb sein Neffe, Alexander von Keyserlingk, der, aus dem Baltikum kommend, sein Mitarbeiter wurde:

Er hat damals Arbeiterwohnungen gebaut und zum Ärger so mancher Herren eine Sozialabteilung geschaffen, die nur ihm direkt unterstand. Dorthin konnte jeder Mitarbeiter kommen – unter Umgehung seines direkten Vorgesetzten – und Sorgen, Wünsche oder Vorschläge vorbringen. Es war ja damals bei der katastrophalen Arbeitslosigkeit gefährlich, sich zu beschweren. Und um Repressalien auszuschalten, wurde monatlich eine Besprechung anberaumt, zu der jedes Gut zwei Vertreter der Arbeiterschaft schickte, die unter völliger Diskretion ihre Angelegenheiten vorbringen konnten. Betriebsräte gab es dort noch nicht. Diese Einrichtung gab der Arbeiterschaft große Sicherheit, und wir hatten nie Streiks.

Die Menschen waren in drei politische Lager verteilt: Nationale, Demokraten und Kommunisten. Wenn ein Arbeitssuchender, um einen guten Eindruck zu machen, sich strammnational gab, konnte Onkel Carl ernst, aber freundlich sagen: «Ihre politische Überzeugung ist Ihre Privatangelegenheit. Das spielt bei uns keine Rolle. Für mich ist nur wichtig, daß Sie Ihre Arbeit gut ausführen und ein anständiger Mensch sind.»

In dieser Inflationszeit führte Onkel Carl auch eine ganz neue Lohnzahlung ein: das Geld verfiel ja täglich, Löhne mußten jedoch wöchentlich ausgezahlt werden. Große Firmen hatten das Recht, eigenes Geld auszugeben, das etwas wertbeständiger war, um die größten Härten zu mildern, und im Keller lagen ganze Stapel davon. Onkel Carl kam aber auf einen besseren Modus, der zwar den Büros viel Arbeit machte, den Leuten jedoch eine große Hilfe war. Von heute auf morgen mußte täglich angeschrieben werden, was jeder verdient hatte – aber nicht in Mark, sondern in Pfund Roggen! Für die Firma war das kein Gewinn, doch der Arbeiter erhielt am Zahltag den Gegenwert seiner «Pfunde». Wenn er das Geld dann sofort umsetzte, verlor er nichts, er konnte sogar verlustlos sparen! Natürlich gab es daraufhin heftige Schwierigkeiten mit der Finanzleitung.[54]

*

Rudolf Steiner besuchte Schloß Koberwitz erstmals 1922 – Ende Januar und im Mai, anläßlich von anthroposophischen Vorträgen in Breslau, zur Unterstützung des Wirkens von Moritz Bartsch. «Der befriedigende Fortgang unserer Bewegung in Schlesien steht im innigen Zusammenhange mit dem langjährigen, energischen und einsichtsvollen Wirken des Rektors Bartsch. Durch viele Jahre hindurch hat er durch seine Schriften und durch sein stets eindrucksvolles Wort das für die Sache der Anthroposophie getan, was *ein* Mensch nur tun kann. Die Gesellschaft verdankt ihm viel.»[55] Rudolf Steiner schrieb bereits bei seinem ersten Besuch einen Spruch ins Koberwitzer Gästebuch; über seinen Aufenthalt im Mai 1922, als Steiner nur kurz im Schloß wohnte, um einen öffentlichen Vortrag in Breslau zu halten, notierte Johanna von Keyserlingk unter anderem:

> Bei der Autofahrt [nach Breslau] betrachteten wir rechts und links unsere Felder, und ich bemerkte, daß wir wieder unter Trockenheit zu leiden hatten. Rudolf Steiner meinte: «Man wird allgemein mit Trockenheit rechnen müssen, das heißt hier, in diesem Strich, wird es etwas besser sein.» Und nach einer Weile: «Die großen Güter werden es überhaupt in der Zukunft schwer haben.»[56]

Beim Abschied versprach Rudolf Steiner, nicht nur wiederzukehren, sondern länger zu bleiben. – Ob und inwieweit im Januar und Mai 1922 auch landwirtschaftliche Gespräche mit Rudolf Steiner in Schloß Koberwitz geführt wurden, ist nicht bekannt. Daß zumindest die soziale Zukunft der Landwirtschaft ein kontinuierliches Thema der Begegnungen Steiners mit Keyserlingk war, ist jedoch sehr wahrscheinlich – die Frage, wie Grund und Boden ihres Warencharakters entkleidet und die Landwirtschaft in ein neu zu ordnendes Wirtschaftsleben eingefügt werden sollte, beschäftigte Rudolf Steiner seit Jahren.

Im Oktober, unmittelbar nach der Begründung der Christengemeinschaft, empfahl Rudolf Steiner dem Priester Rudolf Meyer, nach Breslau zu gehen. Meyer war daraufhin über mehrere Jahre Hausgast bei Keyserlingks in Schloß Koberwitz, wie später auch seine Kollegen Rudolf von Koschützki und Kurt von Wistinghausen. Auch Friedrich Rittelmeyer und Emil Bock waren dort in den vorangegangenen Jahren wiederholt zu Besuch gewesen, in Vorbereitungsgesprächen für die Gründung der «Bewegung für religiöse Erneuerung». In Schloß Koberwitz wurde schließlich die erste Menschen-Weihehandlung Schlesiens vollzogen.

*

Carl Graf von Keyserlingk war nicht der einzige Landwirt und nicht der einzige Gutsbesitzer, mit dem Rudolf Steiner schon vor 1924 wiederholt in landwirtschaftlichen Angelegenheiten sprach und dessen Güter er besah; die einflußreichen Grafen und Gutsbesitzer Otto von Lerchenfeld und Ludwig von Polzer-Hoditz standen der Anthroposophie Rudolf Steiners ebenfalls nahe und verfolgten wie Keyserlingk ausgedehnte sozialpolitische Interessen und Motive. Inwiefern zumindest der Landbau von Schloß Köfering (nahe Regensburg), dessen Majorat Graf von Lerchenfeld bereits 1908, ein Jahr nach seiner Begegnung mit Rudolf Steiner, übernommen hatte, schon vor 1924 mit Unterstützung Rudolf Steiners eine Veränderung erfuhr, ist bisher nicht bekannt – in Koberwitz erwähnte Steiner jedoch, daß sich das Gut «geistig» erhalten habe, «während ringsherum die Welt sich materialistisch austobte. Das ist schon ein Phänomen.»[57] Und er sprach humorvoll von dem dort zurückgelegten Weg «von der anthroposophischen Wesensgestaltung des Gutsherrn zu der anthroposophischen Gestaltung des Gutes».[58] Was die «anthroposophische

Gestaltung» jenes Gutes bedeutete, von dem die Rosen für die Uraufführung von Rudolf Steiners erstem Mysteriendrama in München (am Himmelfahrtstag 1910) gekommen waren, wurde jedoch nicht gesagt.

Belegt sind dagegen eine Vielzahl von fachlichen Kontakten Rudolf Steiners zu einem weiteren Landwirt, Ernst Stegemann. Stegemann, der 1882 geboren wurde, war 1906, in seinem 24. Lebensjahr, der Theosophie und Rudolf Steiner begegnet und pachtete später das Klostergut Marienstein in der Nähe von Göttingen, das er bewirtschaftete – mit Feldern in den Niederungen am Fluß Leine, aber auch hochgelegenen, schwer zugänglichen Flächen. Rudolf Steiner war wiederholt bei Stegemann zu Besuch. *«Was zwischen ihm [Stegemann] und mir im Laufe der letzten Jahre über allerlei Richtlinien gegenüber der Landwirtschaft gesprochen worden ist»,*[59] benannte Rudolf Steiner in Koberwitz nicht im Einzelnen. Schon im Herbst 1920 aber hatte Rudolf Steiner den jungen Chemiker Johann Simon Streicher, der sich für die Düngerfrage und -problematik interessierte, auf Stegemann verwiesen. Stegemann lebte in großer Sorge um die Qualität des Bodens und der landwirtschaftlicher Erzeugnisse, auch um die Erhaltung und Erneuerung der Kulturpflanzen. Bereits 1922 stellte er Gut Marienstein auf eine biologische Betriebsführung (unter Ausschluß konventioneller Mineraldünger) um. Im Juni 1922 sprach Rudolf Steiner mit Ernst Stegemann ausführlich in Stuttgart – über das Wesen der Pflanze zwischen irdischen und kosmischen Kräften sowie über die Notwendigkeit einer Heranzucht von Wildgräsern zu künftigen Nahrungspflanzen für den Menschen, besonders von Hafergras und norditalienischem Berggroggen, aber auch von Mäusegerste und Quecke. Steiner ermutigte Stegemann, die in Frage kommenden Wildpflanzen in Südeuropa zu suchen und sich um ihre Heranzucht zu Kulturpflanzen zu bemühen. Dieses Gespräch beeindruckte Ernst Stegemann tief. Rudolf Meyer schrieb:

Ich erinnere mich noch, wie er nach diesem Gespräch in Stuttgart auf mich zukam und tief bewegt zu berichten begann, was ihm von nun an den Inhalt seines Lebens und Wirkens geben sollte. Denn um nichts Geringeres ging es, als um die Züchtung neuer Getreidearten aus Gräsern, die ihm aufgegeben war. Rudolf Steiner hatte ihm, der nach dieser Richtung gewisse intimere Beobachtungen gemacht und seine Sorge ausgesprochen hatte, geradezu gesagt, daß mit dem Ablauf des Kali Yuga alle unsere Kulturpflanzen sich erschöpfen würden; es gehe darum, neue Arten zu züchten – und er gab ihm sofort die praktischen Anweisungen, wie z. B. aus einer bestimmten Grasart ein kräftiger Hafer gezogen werden könne, aus dem später ein gesundes Brot zu backen sei.[60]

Zwei Monate nach dem Stuttgarter Gespräch, am 2. August 1922, schrieb Ernst Stegenmann von seinem Klostergut an Rudolf Steiner:

Hochverehrter Herr Doktor,

Als Sie die Güte hatten bei der Unterredung in Stuttgart im Juni mir die Veredelung des Hafergrases anzugeben, sagten Sie mir, ich möchte an Sie schreiben wegen der Veredelung weiterer Pflanzen für die menschliche Ernährung. Ich würde gern nach Stuttgart kommen bei Ihrer nächsten dortigen Anwesenheit, um weiter Anweisungen von Ihnen entgegen zu nehmen.

Die Vorbereitungen zur Veredelung des Hafergrases sind gemacht, und freudig würde ich weitere Kulturarbeiten in Angriff nehmen in Bezug auf Ersatz für Kartoffeln, Roggen, Weizen und Gerste.

Wenn Sie mir eine Unterredung in Stuttgart in der Zeit Ihrer Anwesenheit, die wie mir die Direktion des Kommenden Tages sagt, etwa vom 10.–12. August sein würde, gestatten, so bin ich erfreut.

Nur im Falle der Unmöglichkeit vom 10.–12. August diese Unterredung stattfinden zu lassen darf ich um Nachricht bitten.

In tiefster Verehrung
Ihr dankbarer
E. Stegemann[61]

In Ernst Stegemann lebte ein großer Ernst und ein geistiger Sinn für die zu bewältigenden Aufgaben, deren moralisch-esoterische Seite ihm besonders am Herzen lag. Bei der Besprechung im Juni 1922 hatte Rudolf Steiner ihm auch eine Pflanzenmeditation gegeben; darauf kam Stegemann fast zwei Jahre später in einem Brief an Rudolf Steiner noch einmal zurück und schrieb am 11. Mai 1924, knapp vier Wochen vor Beginn des Koberwitzer Kurses:

Hochverehrter Herr Doktor,

Im Juni werden es zwei Jahre als Sie so gütig waren und mir Angabe esoterischen Inhaltes über die Einstellung des Menschen zu den Pflanzen machten.

Wir versuchten in der Zwischenzeit hier in Marienstein diese Einstellungen der Menschen zu den Pflanzen zu verwirklichen. Durch diese Arbeiten (ein Bericht liegt darüber beim Vorstand am Goetheanum) fühlen sich eine ganze Reihe von Menschen angezogen, jüngere und auch ältere, die erkennen, daß nur eine weiter vertiefte esoterische Einstellung der Menschen den weiteren Verfall unserer landwirtschaftlichen Kulturpflanzen hinauszuschieben vermag.

Auch erkennen diese zunächst wenigen Menschen, daß nur durch eine starke Verinnerlichung des Menschen nach und nach, durch die Hebung des moralischen Niveaus, und durch esoterische Arbeit der Zusammenhang des Menschen mit dem Pflanzenreich, gefunden werden kann.

Es wird erkannt im kleinen Kreis die starke Verpflichtung

des Menschen, schöpferisch dem Pflanzenreich, ja der ganzen Natur gegenüberzutreten; aus dem inneren Wesen des Menschen den Pflanzen Kräfte zuzuleiten, die im Stande sind, aus Unkraut Kraut nach und nach werden zu lassen. Ja es wird geahnt, daß aus der jenseitigen Welt neue Pflanzen durch seelisch-geistige Menschenkraft werden auf die Erde geholt werden müssen.

Wir wissen wie unzulänglich unsere Kraft zu dieser Aufgabe ist, wir finden den Mut die einmal angefangene Arbeit fortzusetzen.

Wir bitten Sie, hochverehrter Herr Doktor, uns im kleinen Kreis weitere esoterische Mitteilungen über den Weg der erkannten Arbeit des Menschen am Pflanzenreich zu machen.

Uns zu unterrichten, wie der Mensch sich esoterisch den tierischen Schädlingen der Pflanzen einzustellen hat; weiter uns zu unterrichten über die esoterische Einstellung des Menschen bei den verschiedenen Krankheiten der Tierwelt.

Wir wissen, daß alle Krankheiten ihre Ursache im Seelisch-Geistigen haben und bitten Sie herzlich, die tiefen Schätze Ihrer geisteswissenschaftlichen Forschung uns zu vermitteln, da wir selbst unfähig sind zu forschen.

In tiefster Verehrung
Ernst Stegemann[62]

In seinem Bericht an den Vorstand in Dornach hatte Ernst Stegemann acht Wochen zuvor, am 5. März 1924, über die in Marienstein begonnenen Versuche zum Erhalt der landwirtschaftlichen Kulturpflanzen und zur Heranzucht neuer Pflanzen berichtet. Ab dem Herbst 1923 seien, so Stegemann, Versuchsbeete angelegt worden, um verschiedene Fragen zu bearbeiten, darunter die Bedeutung der Aussaatzeit in den verschiedenen Mondphasen für das Pflanzenwachstum; auch bemühe man sich herauszufinden, ob die Mondenwirkung dadurch verstärkt werden könne, «daß ein Mensch die [Saat-]Körner auslegt, der durch esoterische

Entwicklung sich bewußt mit den Ätherströmen des Kosmos in Verbindung setzt und durch innere Einstellung versucht, diese Ströme den Körnern zu vermitteln». Darüber hinaus habe man sich die Aufgabe gestellt, durch experimentelle Testreihen herauszufinden, ob eine Wirkung auf das Pflanzenwachstum festzustellen sei, «wenn zwei Menschen, zwischen denen ein Austausch ätherischer Kräfte stattfindet, die Körner zum Auslegen einander zureichen.» Neben so gelagerten oder gerichteten Fragestellungen skizzierte Stegemann seine Versuche zu der von Rudolf Steiner angeregten Veredelung von Wildgräsern. Dazu hieß es in dem Brief unter anderem:

> Hafergras wurde ausgelegt am 18. 10. 23 und am 23. 10. 23 und soll jetzt im Frühjahr mit der Krafterde aus den Kuh-Hörnern, die *seit April 1923* in der Erde vergraben sind gedüngt werden.
>
> Zur Veredelung sind die Samen von
> Secale montanum
> Horteum spontaneum
> Triticum orientale
> aus den verschiedenen botanischen Gärten Europas bezogen und sollen nun unter Verwendung der Kraft-Erde und unter menschlichem Einfluß zu landwirtschaftlichen Kulturpflanzen herangebildet werden.[63]

*

Ernst Stegemann sandte seinen Brief vom März 1924 an den Vorstand der Allgemeinen Anthroposophischen Gesellschaft, und wollte damit offensichtlich jenen Entwicklungen Rechnung tragen, die mit der Weihnachtstagung 1923/4 begonnen hatten – der Initiativverantwortung des esoterischen Vorstands für die neu gegründete Hochschule und ihre Sektionen. Zudem wußte

Stegemann, daß in Dornach seit einigen Jahren Versuche angestellt wurden, die mit landwirtschaftlichen Fragen in engem Zusammenhang standen. Insbesondere die jungen Akademiker Ehrenfried Pfeiffer und Guenther Wachsmuth, die seit 1920 in Dornach waren und häufigen Kontakt zu Rudolf Steiner hatten, waren die Träger der dortigen Initiative. Pfeiffer, der im Frühjahr 1920 – einundzwanzigjährig – zum Goetheanum gekommen war und neben seinen Dornacher Arbeiten ein naturwissenschaftliches Studium in Basel betrieb, schilderte seine Fragen an Rudolf Steiner und den Beginn des «Forschungsinstitutes am Goetheanum» Jahrzehnte später mit den Worten:

> Die materialistische Naturwissenschaft beruht ganz auf der Methode der *Analyse*, des Auseinanderspaltens (heute der Atom- und Kernspaltung), der Desintegration und Trennung, des Zerschneidens und all der Verfahrensweisen, welche zerstören und auseinander nehmen müssen, um am Leichnam zu arbeiten, statt wachsen zu lassen, zu entwickeln, zusammenzusetzen. Daß der menschliche Geist von diesen Methoden des Zerlegens gefangen genommen worden war: darin sah ich die Ursache unserer gegenwärtigen Lage. Meine Frage war daher: Kann in der Natur eine andere Kraft oder Energie gefunden werden, die nicht die Tendenz zur Atomisierung und Analyse in sich trägt, sondern die aufbaut und synthetisiert? Würden wir jene konstruktiven Kräfte entdecken können, die die Dinge leben und wachsen machen? Würden wir entsprechend aufbauende Methoden der Forschung finden und diese Kraft eventuell für eine andere Art von Technik verwenden können, zum Antrieb von Maschinen? Dann könnten wir aufgrund der inneren Natur einer solchen Kraft oder Energie eine andere Technik, eine andere Sozialstruktur sowie anstelle des zerstörerischen Menschendenkens ein aufbauendes Denken schaffen. Diese Kraft muß den Impuls des Lebens, des Organischen in ihrem Innern tragen, so wie die

sogenannten physischen Energien die Neigung zur Spaltung und Trennung in sich tragen. Meine Frage an R[udolf] St[einer]. Im Oktober 1920 und Frühjahr 1921 lautete also: «Gibt es eine solche Kraft oder Energiequelle? Könnte sie nachgewiesen werden? Könnte eine selbstlose Technik auf ihr aufgebaut werden?»

Als diese Fragen in meinem Geist Form annahmen, fand ich in Guenther Wachsmuth einen lebenslangen Freund, der sich über genau dieselben Fragen Gedanken machte.

Einige Gespräche wurden mit R[udolf] St[einer] einzeln geführt; oft waren wir aber auch zu zweit oder dritt bei ihm.

Meine Frage wurde wie folgt beantwortet: «Ja, eine solche Kraft gibt es wirklich, aber sie ist noch unentdeckt. Sie ist das, was allgemein als Äther (nicht der physikalische Äther) bezeichnet wird, die Kraft, die die Dinge wachsen läßt und beispielsweise als Samenkraft im Samen lebt. Bevor Sie mit dieser Kraft arbeiten können, müssen Sie Ihr Vorhandensein nachweisen. So wie wir in der Chemie Reagenzien haben, so müssen Sie ein Reagens für diese Ätherkraft finden. Man nennt sie auch ätherische Bildekraft, denn sie schafft die Form, die Gestalt, die Struktur eines lebenden wachsenden Dinges. Sie könnten es mit Kristallisationsprozessen versuchen, welchen ein organisches Substrat beigefügt wird.

Es wird dann möglich sein, Maschinen zu entwickeln, die auf diese Kraft reagieren und von ihr angetrieben werden.» R[udolf] St[einer] skizzierte dann die Prinzipien der Anwendung dieser Kraft als einer neuen Energiequelle. In Anwesenheit von Guenther Wachsmuth skizzierte er zu einem anderen Zeitpunkt das Prinzip der vier ätherischen Bildekräfte, des Lichtäthers, des chemischen Äthers, des Lebensäthers und des Wärmeäthers (etwas anders als im sogenannten Wärme- und Lichtkurs vor den Waldorflehrern), und er wies auf ein Buch von [Pandit] Rama Prasad mit dem Titel *Nature's Finer Forces* hin, das einiges davon beschreibe.

> Wachsmuth schrieb daraufhin sein Buch über die ätherischen Bildekräfte. Mir fiel die Aufgabe zu, mit den Experimenten zu beginnen. Die dabei stattfindende Zusammenarbeit legte den Keim für das Forschungsinstitut am Goetheanum.[64]

Guenther Wachsmuth begann Anfang der 20er Jahre – nach Abschluß seines juristischen Hochschulstudiums – die Erarbeitung einer systematischen Bildekräftelehre, die schließlich in der ersten Hälfte des Jahres 1924 unter dem Titel: *Die Ätherischen Bildekräfte in Kosmos, Erde und Mensch. Ein Weg zur Erforschung des Lebendigen* in Dornach erschien, mit einem Titelblattzeichnung Rudolf Steiners. Zu diesem Zeitpunkt hatte Steiner Wachsmuth bereits zum Leiter der naturwissenschaftlichen Sektion am Goetheanum berufen – in die neue Hochschule. Ehrenfried Pfeiffer dagegen trieb insbesondere die experimentellen Versuchsordnungen voran; auf Rudolf Steiners Rat hin bemühte er sich darum, die Lebensgesetze, -prozesse und -rhythmen in sensiblen Medien zur wissenschaftlichen Darstellung zu bringen: «Die Anregungen Rudolf Steiners gingen dahin, ein ‹Reagens› auf Ätherisches zu suchen. Das heißt, einen Naturvorgang ausfindig zu machen, der auf die ätherischen Bildekräfte so fein reagiert, daß je nach der Einwirkung verschiedene Formen resultieren. [...] Um dieses Reagens auf das Ätherische zu finden, sollte man versuchen, Kristallisationsvorgänge zu beobachten unter Zusatz von Pflanzenstoffen und Blut und die Veränderungen dieser Kristallisationsvorgänge studieren. ‹*Was Sie dabei entdecken werden, kann ich selber noch nicht sagen; Sie werden überrascht sein, wie viel Sie finden werden.*› Das ist alles, was Rudolf Steiner zu diesem Thema sagte. Damit hatte man also anzufangen. Wenn ich versuchte, ihn nach der Versuchsanordnung zu fragen, hat er immer wieder gesagt: ‹Die Versuchsanordnung müssen Sie selber finden.›»[65] Steiner hielt Pfeiffer und Wachsmuth immer wieder dazu an, in exakter Weise phänomenologisch zu arbeiten und ihren Natursinn weiter zu schulen, auch im Bereich der experimentellen Versuchsanordnung – «künftig wird man prüfen, wie weit jemand beim Betrachten eines Zusammenhanges *erlebt* – nicht klügelt oder spekuliert. Im Erleben selbst liegen die Quellen, aus denen die Erkenntnisse heraus fließen.» (Steiner[66]) Seiner eigenen Darstellung zufolge beschäftigten Ehrenfried Pfeiffer dabei von Anfang an auch Fragen der Pflanzenzucht und der Pflanzenerkrankungen, der Landwirtschaft und der Ernährung. Ein Gespräch mit Rudolf Steiner im Verlauf einer gemeinsamen Autofahrt nach Stuttgart, seine eigene Frage und Rudolf Steiners wegweisende Antwort hielt Pfeiffer mit den Worten fest:

> «Wie kommt es, daß trotz Ihrer großen und zahlreichen Anweisungen der geistige Impuls, insbesondere der innere Schulungsweg, in den einzelnen Menschen so wenig wirksam wird und die Betreffenden trotz ihrer Bemühungen so wenig Manifestationen des geistigen Erlebens aufweisen können? Wie kommt es vor allem, daß trotz theoretischer Einsicht der Wille zur Tat, zur erfolgreichen Durchführung der geistigen Impulse so schwach ist?» *«Dies ist ein Ernährungsproblem. So wie die Ernährung heute gestaltet ist, gibt sie den Menschen gar nicht mehr die Kraft, das Geistige im Physischen manifest zu machen. Die Brücke vom Denken zum Wollen und Handeln kann nicht mehr geschlagen werden. Die Nahrungspflanzen enthalten gar nicht mehr die Kräfte, welche sie den Menschen geben sollten.»*[67]

Die Frage der Ernährung, so Steiner, gehe weit über das biologische und medizinische Gebiet hinaus und betreffe die Verankerung des Geistigen im Physisch-Irdischen. An der Frage der Ernährung – und damit an der Landwirtschaft – hänge die Zukunft der Menschheit, auch in spiritueller Hinsicht.

Seinen eigenen Aufzeichnungen zufolge fragte Ehrenfried Pfeiffer Rudolf Steiner im Herbst 1922 dezidiert, wie die bisherigen, am Dornacher Forschungsinstitut unternommenen Versuche für die praktische Landwirtschaft fruchtbar gemacht werden könnten – und erhielt die Anregung, spezielle Präparate aus der Tier- und Pflanzenwelt zu gewinnen und in besonderer Weise als Dünger weiterzuverarbeiten:

> Diese sollten in einer bestimmten Weise den Rhythmen der kosmischen und irdischen Kräfte im Sommer und Winter derart ausgesetzt werden, daß darin lebenfördernde Kräfte konzentriert bzw. angereichert würden, die dann in sehr feiner Verteilung, aber mit hoher dynamischer Wirkung in der landwirtschaftlichen Praxis gesundend angewandt würden. [...] Ich erinnere mich noch lebhaft jener starken Verblüffung, als uns Rudolf Steiner den Rat gab, z. B. Kuhhörner zu beschaffen, diese mit bestimmten Substanzen zu füllen, sie dann irgendwo in der Nähe in die Erde einzugraben und dort unter dem Erdboden überwintern zu lassen. Natürlich stellten wir nach dem Abklingen des ersten Staunens gleich zahlreiche praktische Fragen, z. B. ob die einzugrabenden gefüllten Hörner oben abzudichten seien, mit Leinen oder Wachs usw., wie lang die Überwinterungsperiode dauern solle, wie tief einzugraben sei usw. Alle diese Fragen wurden sofort von ihm konkret beantwortet und genau beschrieben, was zu tun und zu lassen sei. In Bezug auf das zu Unterlassende entsinne ich mich noch beispielsweise meiner Frage, ob man den tierischen und pflanzlichen Präparaten etwa auch metallische Zusätze beigeben solle, worauf uns Rudolf Steiner gleich ein sehr lehrreiches Kolloquium gab über die Schädlichkeit gewisser chemischer Produkte in der heutigen Düngung und Schädlingsbekämpfung. So sagte er z. B. auf meine Frage bezüglich des Quecksilbers, daß dessen Verwendung sich in seinen schädlichen Einflüssen nicht nur auf die Ernährung selbst, sondern auch auf die Generationenfolge auswirken würde und deshalb unbedingt zu vermeiden sei. (Wachsmuth[68])

Spätestens 1923 begannen Guenther Wachsmuth und Ehrenfried Pfeiffer – unweit des Goetheanum und möglicherweise zeitgleich mit Ernst Stegemann – mit jenen Hornmist- und Horngesteinspräparaten, die Rudolf Steiner in Koberwitz im Einzelnen beschreiben sollte. Über das Ausgraben der Dünger-Präparate, die im Winter 1923/24 im Garten des Arlesheimer Sonnenhofs geruht hatten und im späten Frühjahr 1924, kurz vor Rudolf Steiners Aufbruch nach Koberwitz, aus der Erde geholt werden sollten, schrieb Wachsmuth:

> Wir hatten […] beim Eingraben der Präparate in einer Wiese im ersten Eifer vergessen, die Stelle genau zu markieren, so daß wir diese im Frühjahr, als Rudolf Steiner persönlich zur Wiederausgrabung erschien, zunächst nicht finden konnten. […] Freundlich lächelnd sah er unserem Graben und Suchen in Angst und Schweiß zu, denn wir wollten ihn ja unbedingt haben, wenn die ersten Präparate den Erdboden verließen. Als wir schon ein großes Stück verzweifelt umgegraben hatten und er bereits wieder das Auto besteigen wollte, stieß der Spaten glücklich auf die vergrabenen Hörner, die nun ans Tageslicht geholt und durch ihn genau untersucht wurden. Dann ordnete er an, Eimer mit Wasser bringen zu lassen, in die er die überwinterten Substanzen hineinschüttete und in Wirbelbewegungen kräftig im Wasser zu verrühren begann. […] Wir wechselten dann im Verrührungsprozeß miteinander ab, und er erklärte uns dabei eingehend, wie lange und in welcher Art das Mischen und Rühren durchzuführen sei.[69]

Rudolf Steiner rührte mit dem *Spazierstock* Ehrenfried Pfeiffers, aber in methodisch vorbildlicher Weise – «ihm kam es vor allem darauf an, das energische Rühren, die Trichterbildung und das rasche Umkehren der Drehrichtung, das heißt die Strudelbildung dieses energischen Rührens, zu zeigen.»[70] «Noch ein kurzer Hinweis, wie das gerührte Präparat auszuspritzen und für welche

Fläche die vorhandene Menge (mit einer Handbewegung über den Garten hinweisend) anzuwenden sei.»[71]

*

Inwieweit die in Dornach entwickelten und von Rudolf Steiner gegenüber Ernst Stegemann spätestens im Frühjahr 1923 ins Spiel gebrachten Präparate auch auf den Gütern des «Kommenden Tages» zur Anwendung kamen, ist geschichtlich nicht bekannt; die Aktivitäten von Pfeiffer und Wachsmuth waren auf Dornach beschränkt, und Ernst Stegemann wirkte in kleiner Arbeitsgemeinschaft vor Ort, auf seinem gepachteten Klostergut, in seiner eigenen Art und Weise. Dagegen existierte ein Arbeitszusammenhang zwischen den württembergischen Gütern und dem von Lilly Kolisko in Stuttgart betriebenen «Biologischen Institut», das (wie auch das Stuttgarter Klinisch-Therapeutische Institut und sein assoziiertes Forschungslaboratorium) ebenfalls zur Aktiengesellschaft des «Kommenden Tages» gehörte. Bereits im Frühsommer 1920 hatten Lilly und Eugen Kolisko dort mit der Entwicklung eines Heilmittels für die Maul- und Klauenseuche begonnen, dessen Ratio ihnen von Rudolf Steiner mitgeteilt worden war und das auf den Gütern des «Kommenden Tages» erfolgreich zum Einsatz kam.[72] Auch wurde im Forschungsinstitut des Stuttgarter Klinisch-Therapeutischen Instituts an botanischen und landwirtschaftlichen Fragen in begrenztem Umfang gearbeitet; Ludwig Noll kümmerte sich – auf Anregung Rudolf Steiners – um den Heilpflanzenanbau unter Einsatz spezifischer Düngungs-Metalle, ein Vorgehen, das Steiner gegenüber Ehrenfried Pfeiffer strikt auf den Heilpflanzen-Anbau beschränkt wissen wollte: «Rudolf Steiner betonte […], daß dieses nur für Heilpflanzen gelte, daß man aber unter keinen Umständen Metallzusätze zu den Präparaten für Nahrungspflanzen machen dürfe. Er wies auf den fundamentalen Gegensatz zwischen Heil- und Nahrungspflanzen hin; dieser sei so weitgehend, daß eine nach den Gesichtspunkten der Heilpflanze gezogene Pflanze ihre Wirkung verlieren könnte, wenn sie wie eine Nahrungspflanze gedüngt würde. Andererseits würde die Anwendung der Metalle auf Nahrungspflanzen sogar gesundheitsschädigend wirken.»[73] Auch Johann Simon Streicher, der Rudolf Steiner im Herbst 1920, im Verlauf des ersten Dornacher «Hochschulkurses», nach der relativen Berechtigung einer mineralischen Düngung befragt hatte, wirkte in den nachfolgenden Jahren am Stuttgarter Forschungsinstitut des Klinisch-Therapeutischen Instituts mit und arbeitete an einem Düngersalzgemisch, das Kalium und Magnesium sowie einen Fingerhutextrakt beinhaltete. Streicher zufolge wurde dieser modifizierte Mineraldünger erstmals im Frühjahr 1923 auf den Gütern des «Kommenden Tages», aber auch in Marienstein bei Ernst Stegemann mit gutem Erfolg angewandt, insbesondere im Bereich der Getreidefelder Stegemanns.[74]

*

In dieser Weise hatten spätestens ab dem Jahre 1920 verschiedene, von Rudolf Steiner angeregte (oder vielmehr von ihm erfragte) Entwicklungen im Bereich der Landwirtschaft begonnen, an unterschiedlichen Orten und durch verschiedene Menschen, die nur bedingt aufeinander bezogen waren. Die Frage nach einem grundlegenden Lehrkurs durch Rudolf Steiner war von einzelnen immer wieder erwogen und aufgeworfen worden, von Graf Lerchenfeld, von Ernst Stegemann und anderen. Die wirkliche Initiative dazu aber kam schließlich von zwei sehr viel jüngeren, erst kurz vor der Jahrhundertwende geborenen Menschen, die seit wenigen Jahren, aber mit großer Intensität in der Landwirtschaft arbeiteten: Erhard Bartsch und Immanuel Voegele.

Immanuel Voegele entstammte einer schwäbischen Pietistenfamilie und hatte ursprünglich keine Beziehungen zum Landbau – sein Vater war Notar. Voegeles Großvater aber hatte in begrenztem Umfang als Weinbauer gewirkt und dem Enkel oft von den Gefahren der chemischen Düngung in Garten und Land berichtet. Kurz vor dem Beginn des Ersten Weltkriegs verließ Voegele die Schorndorfer Heimat und begann, knapp siebzehnjährig, eine landwirtschaftliche Lehre in Westpreußen. Zum Militär eingezogen und verwundet, nach Zeiten im Lazarett und schweren Jahren, begegnete Voegele Rudolf Steiner nach dem Kriegsende in den großen Dreigliederungsvorträgen von Württemberg, die ihn nachhaltig beeindruckten. Voegele nahm daraufhin ein landwirtschaftliches Studium in Hohenheim auf und wurde in jungen Jahren Betriebsleiter der «Guldesmühle» bei Dischingen, einem der Hofgüter des «Kommenden Tages». Er hörte, wie Rudolf Steiner vor Ort über neue Möglichkeiten des Landbaus und der Düngung sprach, und fragte ihn wiederholt um Rat; für seine Kompostarbeiten wurde Voegele von Steiner gelobt. Voegele war dabei, als Eugen Kolisko und der Tierarzt Joseph Werr die Maul- und Klauenseucheerkrankung mit Unterstützung Rudolf Steiners erfolgreich behandelten und gemeinsam mit Lilly Kolisko weitere Arzneimittel für Tiere herzustellen begannen. Auf Bitten Carl von Keyserlingks übersiedelte Immanuel Voegele dann jedoch nach Schlesien und leitete seit 1921, seinem vierundzwanzigsten Lebensjahr, eines der Güter, die der Direktion des Grafen unterstanden. Bei Rudolf Steiners Besuch in Schloß Koberwitz Ende Januar 1922 war Immanuel Voegele anwesend; wenige Monate später sprach er in kleiner Runde bedächtig aus, daß doch wohl nur Rudolf Steiner in der Lage sei, der Landwirtschaft umfassend helfen zu können, und zwar mit Hilfe eines besonderen Fachkurses.[75] – Immanuel Voegele äußerte diese grundlegende Auffassung im Gespräch mit Erhard Bartsch, einem der Söhne des Rektors Moritz Bartsch, mit dem sich Voegele auf den Gütern Graf Keyserlingks angefreundet hatte. Erhard war zwei Jahre älter als Immanuel, war bereits 1913 – achtzehnjährig – Rudolf Steiner begegnet, hatte den Weltkrieg als Flieger mit schwerer Verwundung überlebt und sich dann wie sein Freund Voegele für die württembergische Dreigliederungsinitiative begeistert, die er vor Ort studierte. Nach Breslau zurückgekehrt, hatte er die dortige Geschäftsstelle des Bundes für Dreigliederung geleitet und den Einsatz der Redner organisiert – zugleich jedoch eine Ausbildung zum Landwirt durchlaufen, neben seinem Studium an der Universität. Wie Immanuel Voegele arbeitete Erhard Bartsch dann bei Carl von Keyserlingk – und bereits in seinem Brief vom Sommer 1920 an Rudolf Steiner hatte Keyserlingk den fünfundzwanzigjährigen Sohn von Moritz Bartsch und dessen Vorhaben einer «Konsumvereinigung» positiv erwähnt. Auch Erhard Bartsch war dem Aufgabenfeld und den aktuellen Problemen der Landwirtschaft sehr verbunden – den Qualitätsfragen, der fragwürdigen Schädlingsbekämpfung mit chemischen Giften und der Viehgesundheit. Auch er war Rudolf Steiner Ende Januar 1922 in Schloß Koberwitz wieder begegnet. – Die Erwägungen seines Freundes Immanuel Voegele unterstützte Erhard Bartsch augenblicklich und in impulsiver Weise: *«Gehen wir doch darauf zu und packen es an!»*[76]

Immanuel Voegele und Erhard Bartsch gehörten zur anthroposophischen Jugendgeneration; sie hatten die Furchtbarkeit des Ersten Weltkriegs an den Fronten existentiell erlebt und erlitten, aber auch die aufhelfende, ja potentiell heilende Bedeutung der Anthroposophie in den schwierigen Sozialprozessen nach dem Krieg erfahren. Sie wußten, daß Rudolf Steiners Hilfe für die Landwirtschaft entscheidend sein würde und rasch erfolgen mußte; sie entschieden sich, für ihre Anfrage bei Steiner Namen von anthroposophisch interessierten Landwirten zu sammeln, denen sie am 22. Mai 1922, kurz nach Rudolf Steiners zweitem Besuch in Koberwitz, einen «Aufruf» zusandten, um sich über ihr Teilnahmeinteresse an einem Fachkurs zu informieren. Nach erhaltener Rückmeldung wandten sie sich im August 1922 dann an Rudolf Steiner selbst:

> Der anthroposophischen Bewegung angehörende Landwirte haben aus der Erkenntnis der Lebensnotwendigkeiten ihres Berufes und dessen, was Anthroposophie für deren Erfüllung bedeutet, den lebhaften Wunsch zeitgemäß im geisteswissenschaftlichen Sinne auf ihrem Gebiet zu arbeiten. Der erste Schritt zur Verwirklichung dieses Zieles wäre wohl getan, wenn Sie, hochverehrter Herr Dr. Steiner, in einem Kursus oder einer Reihe von Vorträgen die für die Behandlung landwirtschaftlicher Fragen erforderlichen allgemeinen geisteswissenschaftlichen Grundlagen und speziellen Hinweise geben würden.[77]

Immanuel Voegele und Erhard Bartsch teilten Rudolf Steiner mit, daß ihre Anfrage unter den anthroposophisch orientierten Landwirten und bei landwirtschaftlich interessierten Persönlichkeiten ein eindrucksvolles Echo gefunden habe; viele Fragen für einen solchen Kurs seien ihnen bereits zugesandt worden. Weiter schrieben sie: «Auf Grund der Rundfrage verfügen wir über die Anschriften von 38 an dem Zustandekommen eines landwirtschaftlichen Kursus interessierten Persönlichkeiten, von denen 35 der Anthroposophischen Gesellschaft angehören und 29 in der Landwirtschaft oder verwandten Berufen tätig sind. Die Liste der eingegangenen Adressen liegt bei. Eine Auswahl der zur Teilnahme in Betracht kommenden Persönlichkeiten darf wohl erst auf Grund von Richtlinien getroffen werden, die Sie dafür geben werden.»[78]

Dieser Brief von Immanuel Voegele und Erhard Bartsch wurde Rudolf Steiner persönlich durch Ernst Umlauf überbracht, dem Geschäftsstellenleiter der Anthroposophischen Gesellschaft in Breslau. Rudolf Steiner aber reagierte zurückhaltend – *«Ja, ein Landwirtschaftlicher Kurs wird schon einmal notwendig sein, aber vorläufig ist die Sache noch nicht tragfähig genug.»*[79] Eine nähere Erläuterung dieser Worte erhielten Bartsch und Voegele später von Guenther Wachsmuth, der in Dornach auch den Posten eines Sekretärs Steiners bekleidete: «Rudolf Steiner würde es begrüßen, zu erfahren, ob und in welcher Richtung sich seine zukünftigen Hörer zu dem gewünschten Thema schon Gedanken gemacht haben.»[80] Voegele und Bartsch verstärkten daraufhin ihre Arbeit und trafen sich regelmäßig. Andere junge Menschen schlossen sich der kleinen Breslauer Studiengemeinschaft an, die einen «Landwirtschaftlichen Kurs» von Rudolf Steiner vorbereiten wollte – es kamen der aus der Jugendbewegung stammende Chemiker Franz Dreidax und ein neunzehnjähriger Landwirt und Student der Agrarwissenschaften, Almar von Wistinghausen, der über seinen Bruder Kurt von Wistinghausen den Breslauer Vorbereitungskreis kennenlernte. Auch Erhards Bruder Hellmut Bartsch, der ein Gut unter Graf Keyserlingk bewirtschaftete, gehörte von Anfang an zu diesem Arbeits- und Freundeszusammenhang.

*

Unsicher darüber, wieviel Zeit mit weiteren Vorbereitungsarbeiten zugebracht werden sollte – angesichts der schwierigen politischen Verhältnisse und des Ende 1922 zerstörten ersten Goetheanum –, wandte sich die Gruppe um Erhard Bartsch und Immanuel Voegele schließlich an Graf Keyserlingk, mit der Bitte um Hilfe für ihr Anliegen. Der Gedanke an einen Kurs lag auch Carl von Keyserlingk nicht fern, und er hatte ihn wiederholt selbst erwogen, möglicherweise auch bereits gegenüber Rudolf Steiner geäußert. «Ich besinne mich, wie Carl in seiner heiteren, aber von tiefster Verehrung für Rudolf Steiner durchdrungenen Art sagte: ‹Ich sehe gar nicht ein, wenn unser Doktor den anderen Fachleuten solch wunderbare Hilfen gibt, warum ich ihn da nicht auch für unsere Landwirtschaft darum bitten sollte!› (Johanna von Keyserlingk[81]) Zusammen mit seinem Neffen Alexander von Keyserlingk, der seit einiger Zeit in der Versuchsabteilung der Güterdirektion (zusammen mit Erhard Bartsch) an Viehhaltungsfragen arbeite, hatte Graf Keyserlingk auch verschiedene Male Ernst Stegemann in Marienstein besucht, dort von den durch Rudolf Steiner erfolgten Ratschlägen gehört und mit Stegemann über die Anfrage an Steiner beraten. Alexander von Keyserlingk schrieb im Rückblick:

> Es war uns allen klar, daß die Zukunftsaussichten für den Ackerboden, die Nutzpflanzen und damit auch für Mensch und Tier durch die chemische Düngung immer düsterer werden mußten, auch wenn zu Anfang hohe Erträge über das wahre Ergebnis hinwegtäuschten. Durch die Vermehrung der Nematoden konnte man schon immer weniger Zuckerüben anbauen – und da gab es kein Mittel dagegen. Als wir bei Stegemann sahen, wie gut Rudolf Steiner darüber Bescheid wußte, wollten wir mehr erfahren. Wir wußten nicht, daß es ein ganzer Kurs werden würde, geschweige denn, welche weiten Perspektiven Rudolf Steiner damit verband. Wir dachten, er würde einige Richtlinien geben gegen die Zerstörung der Bodengare und die Qualitätsminderung gewisser Früchte.[82]

Im Laufe des Jahres 1923 sprach Carl von Keyserlingk mit Rudolf Steiner persönlich über einen Kurs – sehr wahrscheinlich in Dornach und im Beisein des Landwirtes Ernst Jacoby aus Auggen – und erhielt daraufhin Steiners Zusage für Vorträge «im Winter».

Auf diese Zusage kam Keyserlingk in einem Brief vom 23. November 1923 zurück, zwei Wochen nach dem rechtsradikalen Putschversuch in München, schweren politischen Unruhen in Deutschland, einer gravierenden Inflation und immer komplizierteren Zeitverhältnissen. «Wenn diese Gesellschaft sich durchsetzt, bringt dies für Mitteleuropa eine große Verheerung», sagte Rudolf Steiner in Dornach einen Tag nach dem Münchner Putschversuch der Nationalsozialisten,[83] und auf sich selbst bezogen: «Wenn diese Herren an die Regierung kommen, kann mein Fuß deutschen Boden nicht mehr betreten.»[84]

Carl von Keyserlingk berichtete Rudolf Steiner in seinem Schreiben von der Existenz einer «landwirtschaftlichen Arbeitsgruppe innerhalb der deutschen Anthroposophischen Gesellschaft», die vor längerer Zeit gegründet worden sei – «wie Ihnen bereits bekannt sein dürfte». Er erinnerte Rudolf Steiner an den für den Winter in Aussicht gestellten *«privaten Lehrkurs»* und übersandte ihm eine Liste von nunmehr 64 möglichen Teilnehmern, wobei Keyserlingk die Nicht-Landwirte der Zusammenstellung rot anstrich und Rudolf Steiner um Durchsicht, Streichung und Ergänzung bat. Dann schrieb er:

> Mit Rücksicht auf die in der deutschen Landwirtschaft leider noch immer vorherrschende Abneigung gegen Neuerungen und mir Rücksicht auf die durch vorzeitige oder falsche Mitteilungen des von Ihnen im Lehrkurs Gehörten leicht entstehende Gefährdung unserer Gesellschaftsinteressen müßte nach meiner Ansicht ein besonderer Wert darauf gelegt werden, daß nur Mitglieder unserer Gesellschaft sich an Ihrem Lehrkurs beteiligen dürfen, die Berufslandwirte sind und die außerdem eine gewisse Gewähr dafür bieten, daß die uns von Ihnen gewordenen Mitteilungen und Anregungen solange nicht andernorts mitgeteilt werden, als Sie dies nicht selbst gestatten oder aber exakte Versuchsergebnisse dies zulassen.[85]

Als Ort der Veranstaltung schlug Keyserlingk Schloß Koberwitz vor: «Was nun den Ort [...] für die Abhaltung des Kurses betrifft, so gestatte ich mir Koberwitz als Ort der Abhaltung in Vorschlag zu bringen.» Auch empfahl er, den Kurs nach Möglichkeit im Januar oder Februar 1924 abzuhalten, da die Berufslandwirte zu dieser Zeit am ehesten abkömmlich seien.

Zu seinem Leidwesen aber erhielt Carl von Keyserlingk auf seinen Brief keine befriedigende Antwort aus Dornach. «[...] Da Rudolf

Steiner stark mit Arbeit, Reisen, Vorträgen überlastet war, verschob er die Entscheidung von Woche zu Woche.» (Pfeiffer[86]) Daraufhin entschloß sich Carl von Keyserlingk vier Wochen später, seinen Neffen Alexander persönlich in die Schweiz zu senden. In seinem Koberwitz-Bericht sagte Rudolf Steiner dazu:

> Deshalb war ja schon bei der Weihnachtstagung der Neffe des Grafen Keyserlingk hier in Dornach, und dem Neffen wurde dazumal gesagt, als er hierher geschickt wurde: Entweder bringst du mir das ganz bestimmte Versprechen, daß noch im nächsten Halbjahr dieser Kursus stattfinden werde, oder du kommst mir überhaupt nicht nach Hause. Unter diesen Auspizien ist dann der Neffe, der ja auch sonst manches Merkwürdige in der Welt zustande gebracht hat, hier erschienen und hat tatsächlich so eindringlich gesprochen, daß ich ihm sagte, sobald es nur irgend sein könne, würde der Kursus stattfinden.[87]

Alexander von Keyserlingk selbst schrieb über die Begegnung mit Rudolf Steiner zu Weihnachten 1923:

> In Dornach angekommen, ging ich gleich in die Schreinerei und sagte Frau Dr. Steiner, ich würde gern Herrn Doktor sprechen. Ich wartete nur kurz, da kam er schon heraus, und ich richtete meinen Auftrag aus. Er sagte sogleich: «Ja, ich komme nach Breslau und werde dort Vorträge über Landwirtschaft halten.» Ich sagte aber: «Herr Doktor, das genügt mir nicht – ich soll nicht fragen, ob Sie kommen, sondern wann Sie kommen!» Da lächelte er, nahm sein Notizbuch heraus, blätterte darin herum und sagte dann: «Richten Sie Ihrem Onkel aus, daß ich zu Pfingsten zu Ihnen kommen werde.»[88]

Daß Rudolf Steiner Alexander von Keyserlingk tatsächlich den Pfingsttermin zusagte und mit nach Koberwitz gab, ist nicht sehr wahrscheinlich *(«daß ich ihm sagte, sobald es nur irgend sein könne, würde der Kursus stattfinden»)* – die weitere Korrespondenz mit Keyserlingk weist eher darauf hin, daß Rudolf Steiner noch keinen konkreten Termin nannte, wohl aber seine bestehende und verläßliche Absicht, im nächsten halben Jahr nach Koberwitz zu kommen.

*

Die Hoffnung auf die Abhaltung des Kurses schwand jedoch im Kreis derjenigen Menschen, die ihn seit Jahren sehnlichst erstrebt und auf ihre Weise vorbereitet hatten. Nachrichten vom schlechten Gesundheitszustand Rudolf Steiners und von vielen Dornacher Arbeiten und Vorhaben (im Umkreis der Hochschulgründung) waren auch nach Schlesien gedrungen – ein Erscheinen Rudolf Steiners, auf das seit über anderthalb Jahren gehofft worden war, erschien immer unwahrscheinlicher. Am 24. Januar 1924 schrieb Immanuel Voegele noch einmal ganz aus seinem Herzen heraus an Rudolf Steiner, fragend und bittend:

> Sehr geehrter Herr Dr. Steiner!
>
> Sollte es von mir vermessen sein, nach allen bisher zerschlagenen Hoffnungen, die in der Richtung gehegt wurden, von Ihnen sehr geehrter Herr Dr. Mitteilung für die Landwirtschaft zu erhalten, – noch einmal einen diesbezüglichen Wunsch bittend vorzubringen, so bitte ich sehr höflich um Entschuldigung. Solange aber die Möglichkeit eines landwirtschaftlichen Kurses nach geisteswissenschaftlichen Richtlinien besteht, glaube ich diese Bitte nicht unversucht lassen zu dürfen, weil ich von ihrer Erfüllung erhoffen kann, geist- u. wirklichkeitsgemäß als ganzer Mensch mich in meine berufliche Tätigkeit hineinstellen zu können. – Je mehr ich durch die Geisteswissenschaft auf die Zusammenhänge alles Seins u. auf Dinge über welche die physischen Sinne nichts zu sagen vermögen, auf-

merksam gemacht werde, desto mehr empfinde ich die Routine, die sog. Tüchtigkeit in der modernen Landwirtschaft als unnatürlich u. als ein Vergehen der Natur gegenüber, das ich nicht mitmachen darf, weil ich es nicht verantworten zu können meine. Aus anthroposophischer Weltanschauung glaube ich entnehmen zu müssen, daß es des Landwirts Aufgabe ist, durch seine Tätigkeit, den geheimen Naturkräften, die in Mineral- Pflanzen- u. Tierreich wirken, Bedingungen zu schaffen, durch welche es diesen Kräften möglich ist, sich in einer Art auszuwirken, wie es ohne sein Zutun nicht möglich wäre u. wobei die Ergebnisse gleichzeitig die Bedingungen abgeben, die von Seiten der Landwirtschaft zu einer wirklichkeitsgemäßen Entwicklung der Menschheit notwendig sind. – Dem Landwirt, der das Vorhandensein eines bestimmten notwendigen Verhältnisses zwischen Mensch u. den Naturreichen, der das Zusammen- u. Durcheinanderwirken der Kräfte der Erde, der Sonne, der Sterne, der Elementar- u. aller übrigen Naturgeister ahnt, u. aus diesem Zusammen- und Durcheinanderwirken Mineral-, Pflanzen-, Tierreich u. den Menschen entstehen sieht, stürmen bei jeder beruflichen Tätigkeit eine Summe Fragen entgegen, auf die ihm sein heutiges Wissen keine Antwort gibt, die ihn als ungelöste Fragen quälen. Er spürt die Tatsache dieses Kräftewirkens, aber weiß nichts von der Art u. Weise u. nichts vom Wesen derselben. – Weil ihm Plan u. Richtung des Weges der zu einem Ziele führen kann fehlt, ist Schwanken u. Unsicherheit in seinem Tun die Folge. Dem anderen Landwirt, der Weg u. Ziel in scharf umgrenzter Form vor sich hat, steht er mit leeren Händen u. einem zunächst nur schönen Ideal gegenüber.

Es ist nun meine Bitte, die ich an Sie sehr geehrter Herr Dr. mir zu richten erlaube u. die sich mit allem Wünschen u. Sehnen derjenigen Landwirte vereinen möchte, die aus ähnlichen Empfindungen von der Geisteswissenschaft Aufschluß und Hilfe erhoffen, – aus solcher Unsicherheit herauszuhelfen

u. ein wenig den Weg zu beleuchten u. Richtung zu weisen nach welcher der Landwirt suchen muß. – Sollten dem Landwirt heute schon Dinge aus der Geisteswissenschaft gesagt werden können, mit deren Hilfe er seiner Arbeit nach den Gesetzen, die in der Welt bestehen u. darin Ausdruck finden sollen, orientieren kann u. sollten Anforderungen zu erfüllen sein, die zu solchen Mitteilungen nötig sind, so wag ich um diesbezügliche Auskunft u. wenn es möglich sein sollte um Zusage zur Abhaltung des landwirtschaftlichen Kurses sehr höflich zu bitten.

In tiefer Verehrung u. Hochachtung

J. Voegele[89]

Acht Wochen nach Voegeles bedeutendem Brief, der vieles von den innersten Kursintentionen zumindest der jungen Landwirte zum Ausdruck brachte, schrieb auch Carl von Keyserlingk am 20. März 1924 noch einmal an Rudolf Steiner – nachdem die bevorzugten Kursmonate Januar und Februar bereits vorüber waren. Keyserlingk bat um die Aufnahme in die Erste Klasse der neu begründeten Dornacher Hochschule für Geisteswissenschaft – und teilte Rudolf Steiner mit, daß er von der Guldesmühle in Dischingen gehört habe, daß der Lehrkurs *«doch noch nach Ostern»* stattfinden könne. Keyserlingk bat Rudolf Steiner erfreut um die «endgültige Festlegung des Zeitpunktes und der Dauer des hiesigen Kurses», um baldige Antworten auf seine Fragen vom 23. November und um weitere praktische Hinweise. Die Organisation eines solchen Kurses war ein großer Aufwand und die noch verbleibende Zeit sehr knapp, falls Rudolf Steiner wirklich «nach Ostern» zu kommen beabsichtigte. Keyserlingk fragte, ob er einen Stenographen ausfindig machen solle, gab seiner Hoffnung auf ergänzende anthroposophische Vorträge in Breslau Ausdruck («mehrere, vielleicht sogar als Zyklus zusammenhängende Vorträge») und erkundigte sich nach Rudolf Steiners Gesundheit:

> Zu unserem aufrichtigsten Bedauern erfuhren wir, daß Sie, hochverehrter Herr Dr., in letzter Zeit leider sehr unter physischen Beschwerden gelitten haben. Wir alle hoffen, daß es Ihnen nun wieder ganz gut ergeht und wir Sie und die sehr verehrte Frau Dr. nun bestimmt bald nach Ostern auf längere Zeit hier bei uns begrüßen dürfen.[90]

*

Ita Wegman, die in diesen Monaten viel mit Rudolf Steiner zusammenarbeitete, ihn ärztlich betreute und ihn häufig sah – darüber hinaus Mitglied im esoterischen Vorstand war und die medizinische Sektion am Goetheanum leitete –, hörte erst zwei Wochen nach Keyserlingks Brief, am 7. April, von Rudolf Steiners Absicht, in der nächsten Zeit, sehr wahrscheinlich in der zweiten Aprilhälfte oder im Mai nach Koberwitz und Breslau zu fahren, zwischen einer pädagogischen Tagung in Bern (die am 17. April enden sollte) und den geplanten Veranstaltungen in Paris (deren Beginn auf den 23. Mai festgelegt war). Am 8. April schrieb Wegman daraufhin in großer Sorge an Rudolf Steiner, der nach Stuttgart zu einer öffentlichen Erziehungstagung (mit fünf Vorträgen) gereist war: «Dann habe ich eine große, große Bitte: es möglich zu machen, daß in der Zeit zwischen Bern und Paris keine Kurse mehr eingeschoben werden. Ich hörte gestern vom landwirtschaftlichen Kurs, der stattfinden sollte. Wir haben doch das [medizinische Lehr-]Buch fertig zu machen und dies ist nicht weniger wichtig als der landwirtschaftliche Kurs. Es beunruhigt mich dieses noch nicht fertige Buch, auf das alle Leute warten.»[91] – Trotz Ita Wegmans verzweifeltem Votum aber sagte Rudolf Steiner Carl von Keyserlingk kurz darauf definitiv zu, wenn auch für einen späteren Zeitpunkt – für Anfang Juni in Koberwitz.

Am 22. April 1924 bedankte sich Keyserlingk für diese Nachricht und sandte eine erneute, erweiterte Liste mit möglichen Teilnehmern, die – mit zwei Ausnahmen – der Anthroposophischen Gesellschaft angehörten:

> Nach endgültiger Festlegung des Zeitpunktes darf ich wohl um eine sehr gefällige Benachrichtigung hierüber und die Dauer des Kurses unter gleichzeitiger Angabe der Namen der von Ihnen gewünschten Teilnehmer und unter freundlicher Übermittelung Ihrer eventuellen weiteren Wünsche und Richtlinien bitten.[92]

Zehn Tage später, am 1. Mai 1924, wandte sich auch Erhard Bartsch erstmals direkt an Rudolf Steiner, im Auftrag von Graf Keyserlingk – der in Berlin war – und einem Kreis landwirtschaftlich Interessierter, «die sich in den letzten Monaten des öfteren zur gemeinsamen Vorbereitung auf den landwirtschaftlichen Kurs zusammengefunden haben». Erhard Bartsch übersandte Rudolf Steiner eine umfangreiche Fragensammlung der Breslauer Vorbereitungs- und Studiengemeinschaft (mit über sechzig Punkten) – *«falls sich die Beantwortung dieser Fragen in den Rahmen der Kursusvorträge einfügen lassen sollte, würden die Fragesteller für eine Erörterung derselben besonders dankbar sein».*[93] Das Spektrum der von Bartsch überstellten Fragen, die in verschiedene Kategorien eingeteilt waren («Allgemeines/Acker- und Pflanzenbau/Tierhaltung/Ernährung der Tiere und Pflanzen/Vererbungslehre/Wirkung kleinster Entitäten») war groß. Sie reichten von der Bitte um geisteswissenschaftliche Hinweise zum alten Bauernkalender («Es wird gebeten um eine ausführliche Erläuterung des Bauernkalenders, um Richtlinien für eine Neubearbeitung und um praktische Übungen zum Gebrauch desselben»), von Fragen zu Konservierungsmethoden von tierischen und pflanzlichen Nahrungs- und Futtermitteln, von Richtlinien für die Anwendung von Maschinen in der Landwirtschaft, über Fragen nach der Rentabilität und Konkurrenzfähigkeit («Welche Kompromisse werden bei der Neueinstellung der Landwirtschaft zunächst noch in

Kauf genommen werden müssen, um konkurrenzfähig zu bleiben, da z. Zt. noch der Markt für landwirtschaftliche Produkte nach der Quantität und nicht nach der Qualität verlangt?») bis zu sehr spezifischen Aspekten und Problemstellungen der landwirtschaftlichen Arbeit und ihrer aktuellen Herausforderungen («Auf welche Weise soll das Problem einer Schädlingsbekämpfung [Beispiel Rübennematode Heterodera Schachtii] angegriffen werden?», «Welche tieferen Gesichtspunkte ergeben sich aus der Anthroposophie für das Auftreten der tierischen und pflanzlichen Schädlinge?»). Deutlich wurde, daß sich die Breslauer Gruppe von Rudolf Steiner Verständnishilfen und Lösungsstrategien für sehr konkrete Probleme und Aufgabenstellungen erhoffte («Wodurch werden besonders bei den Kartoffelsorten die rapiden Verfallserscheinungen bewirkt?», «Wie kann man den Degenerationserscheinungen bei Nutztieren und Kulturpflanzen auf eine einwandfreie Art entgegenwirken?»), auf der anderen Seite jedoch auch ein tieferes Verständnis der natürlichen Lebensbedingungen der Landwirtschaft suchte («Welche spezifischen Werte wohnen den verschiedenen organischen Düngern inne [Stalldünger, Kompost, Latrine, Jauche, Müll und Gründünger]?», «Ist die Dreifelderwirtschaft das Urbild einer richtigen Anbaufolge?», «Gibt es ein wünschenswertes Gleichmaß zwischen Wald und Feld und Wiese?»).

Sechs Wochen vor Erhard Bartsch Brief vom 1. Mai hatte sich auch Ernst Jacoby bereits mit einzelnen Fragen nach Dornach gewandt, die er nicht Rudolf Steiner selbst, sondern Guenther Wachsmuth und damit der naturwissenschaftlichen Sektion zustellte. Jacoby bewirtschaftete zu dieser Zeit ein Gut im Wiesental bei Schopfheim, stammte aus einer Marggräfler Bauernfamilie und hoffte sehnlichst auf den in Aussicht gestellten Kurs. An Wachsmuth schrieb er am 16. März:

Erlaube mir nachfolgende Fragen der Sektion einzusenden

1) Wie sind die kosmischen Einflüsse für die Aussaat der Kulturpflanzen zu berücksichtigen.
2) Wie kann sich der Bauer zum Unkraut und dessen Bekämpfung stellen.
3) Was für Richtlinien sind bei der Fruchtfolge maßgebend.
4) Wie kann der Bauer die Pflanzenkrankheiten wirksam bekämpfen.
5) Habe eine Zuchtstute die nach Angabe des Tierarztes an Phlegmone leidet (linker Hinterfuß). Der Tierarzt erklärt die Krankheit für unheilbar.
   Kann ein Weg der Heilung dieser Wucherung gefunden werden.[94]

*

Graf Keyserlingk wartete in Koberwitz indessen weiter vergeblich auf die Beantwortung seiner an Rudolf Steiner gestellten Fragen vom 22. April, die die Organisation des bald beginnenden Kurses betrafen. In dieser Situation entschied sich Keyserlingk, seinen Neffen Alexander erneut persönlich nach Dornach zu senden, zur Erlangung der gewünschten und notwendigen Antworten. Keyserlingk fragte bei Guenther Wachsmuth zu Beginn der zweiten Maiwoche telegraphisch an, ob Rudolf Steiner in Dornach sei und Alexander empfangen könne, erhielt jedoch eine negative Antwort: *«Rudolf Steiner augenblicklich zu beschäftigt, wird schreiben»*. Daraufhin schrieb Graf Keyserlingk an Wachsmuth selber und stellte konkrete Fragen, «von deren Beantwortung es abhängen wird, welche Maßnahmen wir zur Vorbereitung der landwirtschaftlichen und der übrigen geplanten anthroposophischen Veranstaltungen hier einzuleiten haben».[95] Keyserlingk fragte erneut nach den genauen Daten des Kurses und der Ankunft Rudolf Steiners in Breslau. Er wollte wissen, ob Rudolf Steiner jeden Tag landwirtschaftliche Vorträge zu halten gedenke und welchen Zeitrahmen dieselben benötigten, wie an den Pfingstfesttagen zu verfahren sei, wie viele Mitgliedervorträge vorgesehen würden, ob und ggf. wie viele Klassenstunden Rudolf Steiner plane, wann und zu welchen Konditionen der Sprachkurs von Marie Steiner stattfinden würde und wie die Tagung insgesamt anzukündigen sei. Auch bat er um Mitteilung, welche Vorstandsmitglieder Rudolf Steiner begleiten würden – und um eine baldige Antwort …

Wann genau Graf Keyserlingk die gewünschten Informationen aus Dornach erhielt, ist nicht bekannt. Am 20. Mai schrieb ihm Rudolf Steiner persönlich, und auch Marie Steiner übersandte «Richtlinien» – nachdem Wachsmuth möglicherweise zuvor in prinzipieller Weise geantwortet hatte. So konnte Keyserlingk in der kurzen, noch verbleibenden Zeit alles Notwendige organisieren und ein detailliertes Programm erstellen. Diesen – vorläufigen – Zeitplan und die Veranstaltungsankündigung («Zur Teilnahme am Landwirtschaftlichen Kursus kommen nur solche Mitglieder der Anthroposophischen Gesellschaft in Frage, die im landwirtschaftlichen Beruf stehen oder besondere landwirtschaftliche Interessen haben»[96]) sandte Carl von Keyserlingk Rudolf Steiner am 31. Mai nach Stuttgart und bat um Steiners Zustimmung zu dem Programm, eine Woche vor Beginn der Veranstaltung – «trotzdem es besonders an Sie, mein hochverehrter Herr Doktor, wie ich mir bewußt bin, eigentlich viel zu weitgehende Zeit- und andere Anforderungen stellt.»[97] Alle von Rudolf Steiner eventuell gewünschten Programmänderungen seien noch möglich, so Keyserlingk; im übrigen hofften die Breslauer Jugendgruppe und die Christengemeinschaft auf «eine oder mehrere Stunden» mit dem geistigen Lehrer. Erneut bat Keyserlingk um die Mitteilung der genauen Zugankunft von Rudolf Steiner in Breslau.

Diese Auskunft erhielt Graf Keyserlingk schließlich in telegraphischer Form am 5. Juni, einen Tag vor Rudolf Steiners Ankunft.

Damit konnten die Vorbereitungen des Koberwitzer Kurses weitgehend abgeschlossen werden – *«Nun muß ich ja sagen, leicht ist es aber dennoch der Gräfin und dem Grafen Keyserlingk nicht geworden, diesen Kursus zu veranstalten ...»* (R. Steiner)

2. Die Reise nach dem Osten

Die Weihnachtstagung in Dornach und die Ankunft in Koberwitz

Die Anthroposophische Gesellschaft muß in ihrem weiteren Fortgange der Weg zu den erneuerten Mysterien werden.

Rudolf Steiner[98]

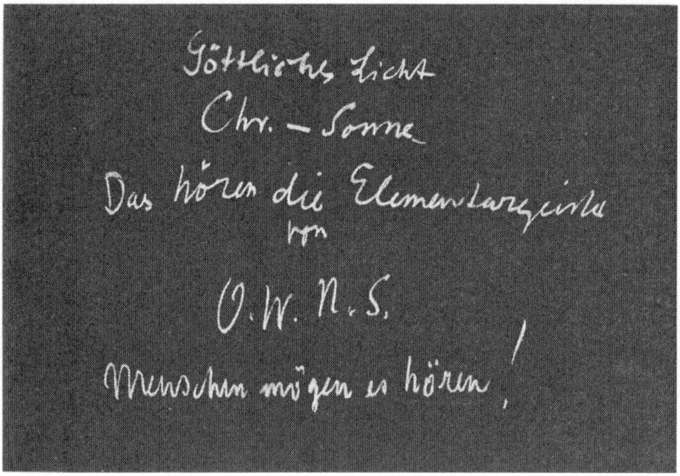

Rudolf Steiner: Rhythmus des Grundstein-Spruches. Dornach, 31. 12. 1923 (Rudolf Steiner Archiv)

Der Brief der jungen Landwirte Immanuel Voegele und Erhard Bartsch, die im August 1922 Rudolf Steiner um den landwirtschaftlichen Lehrkurs baten und bereits viele Interessenten namentlich nannten, traf in einer schwierigen Zeit in Dornach ein. Zahlreiche anthroposophische Gründungen waren 1922 in einer krisenhaften Situation, finanziell und zum Teil auch inhaltlich, im Hinblick auf die praktische Befähigung, den Einsatz und die Verbindlichkeit der Menschen. In der Schweiz mußte unter großen finanziellen Verlusten mit der Liquidation der anthroposophischen «Futurum AG» begonnen werden. Auch die Lage des «Kommenden Tages» war mehr als prekär, ebenso die finanzielle Situation der Stuttgarter Waldorfschule und des Dornacher Goetheanum, dessen Vollendung, mehr aber noch dessen wirkliche Inbetriebnahme – mit den geplanten wissenschaftlichen Forschungsinstituten – weit in die Ferne gerückt war. Die Anthroposophische Gesellschaft war schwach und keine wirkliche Hilfe, ja oft geradezu ein Ballast für Rudolf Steiner. Über die Lage in Dornach sagte er im November 1922 vor Mitgliedern der Anthroposophischen Gesellschaft in Holland: «Das Goetheanum ist mit Enthusiasmus zu bauen begonnen worden. Gerade bei denjenigen, die im Ausgangspunkte diesen Enthusiasmus entwickelt haben, ist der Enthusiasmus verrauscht. Und heute haben diese eigentlich mir allein die Sorge überlassen, wie es nun weitergehen soll.»[99] Mit der wissenschaftlichen Arbeit in Stuttgart, in den dafür bestimmten Einrichtungen des «Kommenden Tages», war Rudolf Steiner – mit Ausnahme von Lilly Koliskos Forschungen – mehr als unzufrieden; die anthroposophische Ärzteschaft, der Rudolf Steiner zahlreiche Lehrkurse und persönliche Unterweisungen geschenkt hatte, enttäuschte ihn tief, im Hinblick auf die weitere Ausarbeitung und Vertretung der neuen Medizin.[100] Zeitgleich wurden Rudolf Steiner und die Anthroposophie in der Öffentlichkeit vehement attackiert, in aggressiven Tiraden und polemischen Schriften, von wissenschaftlicher, theologischer und politischer Seite. Seine zweite große öffentliche Vortragsreise, die ihn im Mai 1922 durch zahlreiche Großstädte (und dabei auch nach Breslau, mit dem vorläufig letzten Aufenthalt in Koberwitz) geführt hatte, war an verschiedenen Ort massiv gestört worden – in München entkam Rudolf Steiner nur knapp einem Attentatsversuch von rechtsgerichteten Kreisen. «Die Agitation ist eben zu mächtig», schrieb er am 19. Mai 1922 aus Bremen an Marie Steiner,[101] über seine Rückkehr nach Dornach hielt die junge Eurythmistin Annemarie Donath fest:

> Diese Reise muß unbeschreiblich anstrengend und aufreibend für ihn gewesen sein. Ich erinnere mich an den Eindruck, den ich hatte, als ich ihn das erste Mal in der Schreinerei wieder sah. Er stand in seinem weißen Arbeitskittel, den er im Atelier trug, hinter der Bühne, und es schien, als ob seine Gestalt schmaler geworden wäre, der Blick noch ernster und stiller. Es war, als ob er aus einem großen, schweren und gefahrvollen Kampf zurückgekommen sei – und die wenigen Worte, die er über diese Reise äußerte, gaben das auch in aller Schlichtheit und Zurückhaltung wieder.[102]

In der zweiten Hälfte des Jahres 1922 stellte Rudolf Steiner die öffentliche Vortragstätigkeit für die Anthroposophie nahezu ein; in dem vergifteten und politisch radikalisierten Milieu dieser Zeit war für die Anthroposophie kaum mehr öffentlich zu wirken.

Es erscheint nicht ausgeschlossen, daß Rudolf Steiner auf die ernste und zukunftsbetonte Anfrage von Immanuel Voegele und Erhard Bartsch anders reagiert hätte, wenn sie zwei oder drei Jahre früher erfolgt wäre. 1920 hatte Rudolf Steiner – auf seinen eigenen Vorschlag hin – die systematischen Unterweisungen für die Ärzteschaft begonnen und Klinikgründungen sowie wissenschaftliche Forschungen von Seiten der Mediziner unterstützt; auch den Pädagogen und Naturwissenschaftlern hatte er zahlreiche Fachkurse in den ersten Jahren nach dem Ende des Krieges gegeben, in der institutionellen Aufbau- und Gründungsphase der anthroposophischen Bewegung. Ob Steiner in der Mitte des Krisenjahres 1922, angesichts der schwierigen Zeitlage, der gravierenden Inflation in Deutschland und der allgemeinen Krise der Anthroposophischen Gesellschaft, ihrer labilen Institutionen und Einrichtungen, aber auch ihrer schwachen öffentlichen Position, den Beginn einer landwirtschaftlichen Bewegung im größeren Stil unterstützen und verantworten konnte, muß als eine offene Frage gelten. Auch im Bereich der Landwirtschaft sah Rudolf Steiner die Forschung und empirische Weiterbearbeitung geisteswissenschaftlicher Angaben für zwingend an – ein einmaliger Lehrkurs war mit Sicherheit nicht ausreichend, um real wirksam werden zu können. Nach den zuvor im Bereich der Medizin gemachten Erfahrungen dürfte Rudolf Steiner 1922 diesbezüglich skeptisch gewesen sein, unabhängig davon, wie weit die inhaltliche Konzeption eines solchen Lehrkurses zu diesem Zeitpunkt in ihm selbst bereits gediehen war. Weitere Unternehmungen und fachliche Lehrkurse schienen im Moment nicht sinnvoll oder mußten ganz aus der Kraft der Berufsgruppen erwachsen («Rudolf Steiner würde es begrüßen, zu erfahren, ob und in welcher Richtung sich seine zukünftigen Hörer zu dem gewünschten Thema schon Gedanken gemacht haben.»). – Der sich bildenden «Bewegung für religiöse Erneuerung» stand Rudolf Steiner 1922 allerdings noch entschieden bei und ermöglichte die Begründung der Christengemeinschaft nach einem dritten Theologen-Kurs im September 1922 in Dornach –

unter der Voraussetzung ihres eigenständigen, von der Anthroposophischen Gesellschaft unabhängigen Wirkens.

*

Nur wenige Monate später brannte dann das Goetheanum ab – damit war an Weiteres vorerst nicht mehr zu denken. Das ganze Jahr 1923 rang Rudolf Steiner mit den Verantwortlichen der Anthroposophischen Gesellschaft; immer wieder machte er deutlich, daß der Bau eines zweiten Goetheanum nur unter den Bedingungen einer erneuerten, funktionsfähigen Anthroposophischen Gesellschaft sinnvoll sei – daß deren Zustand mehr oder weniger das eigentliche Problem darstelle. Der «unersetzbare Verlust eines bedeutsamsten Offenbarungsmittels für die anthroposophische Bewegung»,[103] die Zerstörung des ersten Goetheanum, wäre, so Rudolf Steiner, nicht möglich gewesen, wenn der Bau über den «Hintergrund der schützenden Anthroposophischen Gesellschaft»[104] verfügt hätte. Von dieser Gesellschaft erwartete Rudolf Steiner positive Arbeit, einen «aktiven Inhalt» und das Inangriffnehmen von Aufgaben, «vor welcher auch der Mensch draußen Respekt haben kann».[105] Zu diesen «Aufgaben» rechnete Rudolf Steiner nicht zuletzt das Wahrnehmen wissenschaftlicher Forschungsaufgaben, über die er seit Jahren gesprochen hatte und deren Arbeits- und Lösungsperspektiven von ihm immer wieder aufgezeigt worden waren. «Ich habe wirklich in der letzten Zeit mit positiven Ratschlägen nicht zurückgehalten. Keiner ist befolgt worden. Es handelt sich darum, daß man an einer bestimmten Stelle Ratschläge gibt und daß sie dann alle in den Wind geschlagen werden.»[106] In positiver Wendung sagte er in einer der Krisensitzungen des Jahres 1923:

> Nach und nach muß es [...] dazu kommen, daß – angenommen, unsere Forschungsinstitute würden die Aufgaben schon gelöst haben, die in den naturwissenschaftlichen Kursen und

> Zyklen liegen –, daß es dann dahin kommt, daß selbst die Gegner sagen, da ist etwas vorhanden, vor dem sie Achtung haben, was in der Anthroposophischen Gesellschaft gearbeitet wird.[107]

Obwohl (oder weil) das erhoffte und erwartete Aufwachen der Allgemeinen Anthroposophischen Gesellschaft – resp. ihrer Leitungsgremien – 1923 nicht eintrat, entschied sich Rudolf Steiner nicht nur zum Bau des zweiten Goetheanum, sondern zur vollständigen Neubegründung der Anthroposophischen Gesellschaft und ihrer Dornacher Freien Hochschule für Geisteswissenschaft. Rudolf Steiner übernahm, zweiundsechzigjährig, zu Weihnachten 1923 persönlich den Vorsitz der Allgemeinen Anthroposophischen Gesellschaft, nachdem er zuvor nicht einmal Mitglied, sondern nur freier geistiger Lehrer innerhalb der alten Gesellschaft gewesen war. Er berief einen esoterischen Vorstand, mit dem er eng zusammenarbeiten und die Intentionen der anthroposophischen Bewegung zur Durchführung bringen konnte: «Es muß ein Initiativ-Vorstand sein, er muß ergreifen die Aufgaben, die der anthroposophischen Bewegung aus der geistigen Welt gestellt werden, muß diese aufnehmen, muß sie in die Welt leiten [...].»[108] Den Mitgliedern des esoterischen Vorstands übergab Rudolf Steiner die Verantwortung für die einzelnen Sektionen, d.h. Abteilungen (Fakultäten) der neubegründeten «Freien Hochschule für Geisteswissenschaft». Diese Sektionen würden in Zukunft, so Steiner, «fortwährend wissenschaftliche und künstlerische Aufgaben lösen»[109] – in enger Zusammenarbeit des jeweiligen Sektionsleiters mit ihm selber sowie mit jenen Menschen, deren berufliche Tätigkeit in den Arbeitsbereich einer Sektion fiel. Die künftige Hochschule, so Rudolf Steiner, werde forschen und lehren (bzw. ausbilden) – dies sei die Basis für das Wirksamwerden der Anthroposophie in den zivilisatorischen Herausforderungen der Gegenwart, auf den verschiedenen Lebensfeldern. Das Forschungsinstitut von Lilly Kolisko in Stuttgart integrierte Rudolf Steiner bald nach der Weihnachtstagung in das Dornacher Goetheanum bzw. die Hochschule («Biologisches Institut am Goetheanum, mit Sitz in Stuttgart») und ließ Lilly Kolisko über ihre wissenschaftlichen Studien auf der Weihnachtstagung umfangreich vortragen, um im Anschluß daran zu sagen:

> Aber diese Versuche alle, sie sind im Grunde genommen gerade vor dem anthroposophischen Blicke Einzelheiten zu einer Gesamtheit, zu einer Gesamtheit, die eigentlich heute wissenschaftlich so dringend wie möglich gebraucht wird. Und wenn unsere Arbeit so fortgeht, wie sie bisher geleistet worden ist in unserem Forschungsinstitut, dann werden wir vielleicht in fünfzig, fünfundsiebzig Jahren zu demjenigen kommen, zu dem eigentlich gekommen werden muß: daß sich viele Einzelheiten zu einer Gesamtheit verbinden. Diese Gesamtheit wird dann von einer großen Tragweite sein nicht nur für das Erkenntnisleben, sondern für das gesamte praktische Leben.
>
> Man hat gar keine Vorstellung heute, wie tief in alles praktische Leben diese Dinge eingreifen können, eingreifen können in die Erzeugung von den Menschen notwendigen Produkten, eingreifen können aber namentlich in die Heilmethode und ähnliches.
>
> Nun können Sie ja sagen: Die Fortschritte der Menschheit sind immer langsam vonstatten gegangen, und es wird ja auch auf diesem Gebiete nicht anders sein. – Es könnte aber sehr gut sein, daß bei der gegenwärtigen Bröckligkeit, Zerstörbarkeit der gegenwärtigen Zivilisation mit den fünfzig und fünfundsiebzig Jahren nicht der Anschluß gefunden würde, um noch dasjenige zu leisten, was unbedingt geleistet werden muß.[110]

Damit sprach Rudolf Steiner indirekt auch die Zukunft der Landwirtschaft an – «*in die Erzeugung von den Menschen notwendigen Produkten ...*»

*

Rudolf Steiner wollte, daß nach der Weihnachtstagung die Anthroposophie direkt und offen, aus dem Herzen der Sache, in der Welt vertreten würde – ohne Kompromisse und diplomatische Wendungen, die in den Jahren zuvor oft genug das Vorgehen zahlreicher «Repräsentanten» der Gesellschaft geprägt hatten: «Dasjenige, was wir finden müssen, ist dieses: Wir stehen als eine kleine Gesellschaft der Welt gegenüber, und die Welt – Sie wissen, welche ich meine – liebt uns eigentlich nicht. Sie liebt uns nicht. Das ist ein Faktum, an dem können wir nichts ändern. Aber wir brauchen auch nichts dazu zu tun, um uns möglichst unbeliebt zu machen. Ich meine das nicht im trivialen Sinne, sondern ich meine es in einem tieferen Sinne, der wirklich aus den Grundlagen des okkulten Lebens heraus gesprochen ist. Wenn wir immer wieder und wieder fragen: Was müssen wir gegenüber diesen oder jenen Kreisen in der Welt, die uns ja heute nicht lieben, unsererseits zu Liebe tun? Wie müssen wir uns verhalten auf diesem oder jenem Gebiete, damit wir da oder dort voll genommen werden? – dann werden wir ganz sicher nicht voll genommen. Sondern wir werden nur voll genommen werden, wenn wir uns in jedem Augenblicke mit unserem Tun verantwortlich fühlen der geistigen Welt gegenüber, wenn wir wissen: Die geistige Welt will mit der Menschheit in dem gegenwärtigen Augenblicke der historischen Entwicklung etwas, will dieses Etwas auf den verschiedensten Gebieten des Lebens, und an uns ist es, klar und wahr den Impulsen aus der geistigen Welt heraus zu folgen. Wenn auch das Anstöße gibt für den ersten Augenblick, für die Dauer wird es das allein Heilsame sein. Und deshalb werden wir auch mit uns selbst nur zurechtkommen, wenn wir bei jeder Gelegenheit uns durchdringen mit demjenigen, was als Impulse aus der geistigen Welt kommen kann.»[111]

Zu den «aus der geistigen Welt kommenden Impulsen» gehörte für Rudolf Steiner unzweifelhaft die mögliche – aber auch notwendige – Spiritualisierung der einzelnen Lebensgebiete, von der Medizin bis zur Landwirtschaft. Seit vielen Jahren und mit unterschiedlichsten Akzentuierungen hatte er darüber gesprochen, daß der «Christus-Impuls» Eingang in die konkrete Zivilisation finden müsse – nicht lediglich in die Kirchen und religiösen Bekenntnisse, sondern in die verschiedenen Lebensgebiete. Dieser «Christus-Impuls» implizierte die Verwandlung der einzelnen Wissenschaften im Hinblick auf den Menschen, ihre reale «Durchchristung». Die plastisch-künstlerische Gestalt des Christus – als «Menschheitsrepräsentanten» – hatte Rudolf Steiner als Zentrum des ersten Goetheanum-Baues bestimmt, und sie überlebte den Brand.[112] Das Goetheanum war ein «Mysterienbau» – seine Mysterien aber waren die der Zukunft, einer Christus-bezogenen, dem Menschen verpflichteten Zukunft. Über die Aufgabe der Anthroposophischen Gesellschaft sagte Rudolf Steiner wenige Monate nach der Weihnachtstagung:

> Die Mysterien selbst sind ja zurückgegangen in der Zeit, in der die menschliche freie Entwicklung Platz greifen mußte. Nun ist die Zeit gekommen, in der die Mysterien wieder gefunden werden müssen. Sie müssen wieder gefunden werden. Dessen muß man sich voll bewußt sein, daß heute Anstalten dazu gemacht werden müssen, die Mysterien wieder zu finden.
>
> Aus diesem Bewußtsein heraus ist die Weihnachtstagung gehalten worden, denn es ist eine dringende Notwendigkeit, daß auf der Erde eine Stätte ist, wo wiederum Mysterien begründet werden können. Die Anthroposophische Gesellschaft muß in ihrem weiteren Fortgange der Weg zu den erneuerten Mysterien werden.[113]

*

Bereits 1923, im Jahr nach dem Brand des Goetheanum und in der Vorbereitung der kommenden Neugründung, hatte Rudolf Steiner seine anthroposophische Vortragstätigkeit weiter intensiviert – «wie um den Verlust des Baues durch um so intensivere

Arbeit auszugleichen, steigert Rudolf Steiner in diesem Jahr die weitausgreifenden und eindringlich-bildhaften Darstellungen geistiger Zusammenhänge. An die Stelle des den Augen entschwundenen Baues treten die kosmischen Imaginationen, die besonders in den Vorträgen des Herbstes 1923 unübersehbar aufleuchten.» (Lindenberg[114]) Der Holzbau des ersten Goetheanum, seine Darstellung der Schöpfungsgeschichte und des Menschen – im Sinne der *Geheimwissenschaft im Umriß* – war in der Silvesternacht 1922/23 durch Brand zerstört worden. Im Nachgang dieses Todes-Ereignisses, zum Zeitpunkt des österlichen Auferstehungsfestes, gab Rudolf Steiner große Darstellungen, die die Stellung des Menschen in der Natur und im Kosmos, in den sich wandelnden Jahreszeiten und ihren Substanzgeheimnissen zum Thema hatten – über den «Jahreskreislauf als Atmungsvorgang der Erde» und die vier großen Festeszeiten sprach Rudolf Steiner in fünf umfassenden Vorträgen in der Dornacher Schreinerei zwischen dem 31. März und dem 8. April 1923. Diese Thematik führte Steiner dann ein halbes Jahr später, zur Michaeli-Zeit in Wien, Dornach und Stuttgart in vertiefender Weise weiter. Im August 1923 fragte Ita Wegman, die seit dem Brand in Rudolf Steiners nächster Nähe war und vieles mit ihm geistig bewegte, nach einer Erneuerung des Mysterienwesens im christlichen Sinne – im Hinblick auf die esoterische Schulung des Menschen und im Hinblick auf eine neue Mysterienstätte der Menschheit, mit ausstrahlender, heilender Wirkung für sämtliche Zivilisationsfelder. Ita Wegman fragte in Penmaenmawr, in einer alten Landschaft von Wales, die – so Steiner – eine «elementar esoterische Stimmung» vorwies; ihre Frage war, wie Rudolf Steiner später sagte, die Voraussetzung für das Weihnachtstagungsgeschehen – für die Neugründung der Dornacher Hochschule als einer «esoterischen Institution».[115]

Auch Guenther Wachsmuth, der seine «Bildekräftelehre» nahezu vollendet hatte, war in Penmaenmawr; mit ihm wanderte Rudolf

Steiner auf eine Hochebene, um Steinkreise aus druidischen Mysterienzusammenhängen alter Zeiten zu besuchen:

> Trotz seiner 62 Jahre stieg er rasch und rüstig bergan. Der geistigen Atmosphäre des Ortes gemäß konzentrierte sich das Gespräch auf die Mysterien der Druiden und ihres Gegenpols in Europa, des Mithrasdienstes, den der Süden den nordischen Mysterien gegenüberstellte. [...] Stetig und unermüdlich bergauf steigend deutete mir Rudolf Steiner [...] im Gespräch die große Antithese des Druiden- und Mithraskultus, der nordischen und südlichen Mysterien Europas, wie sich die vom Norden, von Irland ausstrahlende geistige Strömung mit der aus dem Süden in der Mitte begegnete, wovon auch die Mysterienstätten im Donaugebiet Zeugnis ablegten, und wie dann beide im aufkommenden Christentum ihr Schicksal fanden. Als wir auf den Klippen hoch oben über Penmaenmawr angekommen waren, lag nun vor uns der einsame Kreis der von Felsspitzen umrandeten Hochebene, in deren Mitte die gewaltigen Steinzeichen des Druidenzirkels standen. Es war ein Augenblick im Leben, dessen Erinnerung immer lebendig bleibt, ein einzigartiges seltsames Bild, als nun Rudolf Steiner in der Einsamkeit dieser Hochebene in die Mitte des Druidenkreises trat. Er forderte mich auf, über die ragenden Steine des Zirkels die Spitzen der die Hochebene umschließenden Bergkuppen anzuvisieren, und schilderte in einer Intensität der Rückschau, wie wenn sich dies im Augenblick vollzöge, wie einst die Druidenpriester durch dieses Anvisieren der am Horizont im Jahreslauf vorbeiwandernden Sternbilder den Geistkosmos, die darin wirkenden Wesenheiten und ihren Auftrag an die Menschen erlebten. Er erzählte, wie sie die Weihefeste und Kulte des Jahres nach diesen kosmischen Rhythmen gestalteten und ihre priesterlichen Weisungen an die Angehörigen ihrer Gemeinden gaben; wie das Geschehen der Jahreszeiten sich geistig im Kultus, physisch bis in die

> Handhabung der landwirtschaftlichen Arbeit spiegeln müsse. Er sprach vom Sonnen- und Schattenerlebnis in der inneren Steinkammer der alten Weihestätte und von der Ausbreitung der dort erhaltenen Schauungen und Impulse in die Weite des Erdenkreises.[116]

Guenther Wachsmuth begriff ohne Zweifel, daß Rudolf Steiners geistiger Rückblick in unbedingter Zukunftsausrichtung geschah, und Steiner ihm nicht von ungefähr von der Lebensordnung durch die alten Weihestätten und ihre Initiierten berichtete, bis hin zu landwirtschaftlichen Handlungsanweisen: «... wie sie die Weihefeste und Kulte des Jahres nach diesen kosmischen Rhythmen gestalteten und ihre priesterlichen Weisungen an die Angehörigen ihrer Gemeinden gaben; *wie das Geschehen der Jahreszeiten sich geistig im Kultus, physisch bis in die Handhabung der landwirtschaftlichen Arbeit spiegeln müsse.*»

Nach der Rückkehr aus Penmaenmawr orientierte Rudolf Steiner seine Vortragstätigkeiten in Richtung alter und künftiger Mysterieninhalte. Mit den im November und Dezember 1923 in der Dornacher Schreinerei gehaltenen Vorträgen über «Mysteriengestaltungen» – die die Lehren und Initiationsriten in Ephesus, Eleusis und Samothrake, in Hybernia und im Mittelalter thematisierten, ehe sie zu dem rosenkreuzerischen Mysterienwesen übergingen – bereitete Steiner die Weihnachtstagung geistig vor. Das Goetheanum mit seiner esoterischen Schule sollte die michaelische Mysterienstätte der Zukunft werden – so hatte er die esoterische Hochschule in Dornach bereits 1914 intendiert und so wollte er sie nun, in seiner letzten Lebenszeit, errichten oder zumindest auf den Weg bringen, in *heilender* Ausrichtung für die erkrankte Welt. «Das ist gewissermaßen die erste, wahre Impulsivität des Christus-Impulses: die Heilung. Der Heiland, der Heilende zu sein, dazu ist er ganz besonders berufen im fünften nachatlantischen Zeitraume. [...] Das natürliche Leben der Menschen vom fünften nachatlantischen Zeitraum an ist [...] eine Art fortwährenden langsamen Erkrankens.»[117] Als Rudolf Steiner am 23. November 1923 in Dornach den ersten Vortrag des Zyklus «Mysteriengestaltungen» hielt, schrieb Graf von Keyserlingk im schlesischen Schloß Koberwitz seinen langen, vorweihnachtlichen Brief an ihn – mit der Bitte um den landwirtschaftlichen Kurs im Januar oder Februar 1924. Als Keyserlingk vier Wochen später seinen Neffen Alexander zur Bekräftigung seiner Intentionen nach Dornach sandte, kam dieser in eine «öffentliche Mysterienhandlung» (Zeylmans van Emmichoven) hinein:

> Die Sprüche der Grundsteinlegung waren das Eindrucksvollste. Einmal dauerten sie bis weit in die Nacht hinein, und während sie gesprochen wurde, erhob sich ein starker Sturm. Als Rudolf Steiner dann gefragt wurde, warum denn so plötzlich dieser Sturm entstanden sei, hat er geantwortet: die Elementarwesen hätten Sorge gehabt, daß sie nicht mit einbezogen würden. (Alexander von Keyserlingk[118])

*

Die erneute Bitte um einen landwirtschaftlichen Kurs, die in der Vorweihnachtszeit des Jahres 1923 in der Handschrift Graf Keyserlingks in Dornach eingetroffen war, fügte sich gut in die neue Hochschulgründung und ihre Sektionen – die Landwirtschaft gehörte seit ältesten Zeiten zum Umraum des Mysterienwissens und hatte von dort her einst ihre Rhythmen und Regeln erfahren. Die naturwissenschaftliche und die medizinische Hochschulabteilung, aber auch die mathematisch-astronomische Sektion des Goetheanum sollten in Zukunft auch mit Ernährungs- und Landwirtschafts-Fragen befaßt sein, in Zusammenarbeit mit Bauern und Wissenschaftlern; anders als 1922 war Rudolf Steiner nun dabei, in Dornach die dafür notwendige Organisationsform der Arbeit selbst zu schaffen. Dennoch war sein Terminkalender für das Jahr 1924 übervoll; Berge von Arbeit waren vor Ort zu leisten, im Zusammenhang der Hochschulgründung und Gesellschaftsbildung, aber auch des beabsichtigten Goetheanum-Neubaus. Koberwitz und Breslau lagen weit entfernt und der – so Steiner – «in die äußerste Ostecke verlegte Kurs»[119] war eine schwierige Aufgabe, auch im Hinblick auf die Kräftesituation. Seit dem Brand des Goetheanum war Rudolf Steiners physischer Zustand labil – nach vielen aufzehrenden Vorgängen der vergangenen Jahre und der schließlich erfolgten Dornacher Katastrophe. Gegenüber Marie Steiner und Ita Wegman, seiner behandelnden Ärztin, sprach Steiner darüber, wie die Zerstörung des Goetheanum sein konstitutionelles Gefüge angegriffen habe: «‹*Im Vergleich zu anderen Menschen bin ich auf Erden eigentlich schon gestorben*›, war öfter sein Ausspruch.» Sein ätherischer Leib, so Rudolf Steiner, sei durch diese Vernichtungstat vom physischen Leib getrennt worden – «mein Ich und mein Astralleib dirigieren [nun] den physischen Leib und ergänzen das Ätherische».[120] Nur mit größtem Willenseinsatz konnte Rudolf Steiner nach dem Brand des Goetheanum weiterarbeiten; seine Schwäche war in der zweiten Jahreshälfte des Jahres 1923 immer offensichtlicher geworden und die Ernährung fiel ihm schwer.

Mit Ita Wegman arbeitete Rudolf Steiner intensiv am Aufbau einer weltweit tätigen medizinischen Sektion am Goetheanum – in dieser Hochschulabteilung hatten bereits am 2. Januar 1924, unmittelbar nach dem Ende der Weihnachtstagung, systematische Schulungskurse für eine Gruppe junger Medizinstudenten und Ärzte beginnen können, deren esoterische Ausrichtung ganz im Sinne der Weihnachtstagung war.[121] Diese Arbeit führten Steiner und Wegman intensiv fort, neben der gemeinsamen klinischen Tätigkeit, dem Aufbau der Heilmittelproduktion und -vermarktung und dem Verfassen eines wegweisenden medizinischen Lehrbuches, auf dessen Bedeutung Rudolf Steiner an der Weihnachtstagung und in den Monaten danach wiederholt hinwies, obwohl das Manuskript noch keinesfalls abgeschlossen war. «Es wird jetzt von Dornach aus durch die Bemühungen von Frau Dr. Wegman und mir in die Medizin dieser [esoterische] Zug hineinkommen durch eine demnächst herauskommende Publikation, die frank und frei von demjenigen spricht, was die okkulte Erkenntnis der Medizin geben kann. Das ist dasjenige, was als der tiefste Impuls auch der Weihnachtstagung [...] zugrunde gelegen ist.»[122] Ita Wegman hatte die gesunde Ernährung ihrer Patienten immer zu den Fundamenten einer geisteswissenschaftlich erweiterten Medizin gerechnet und viele Entwicklungen dafür in die Wege geleitet, bis hin zum Kauf des Arlesheimer Sonnenhofes, der eine eigenständige Lebensmittelversorgung der Klinik ermöglichen sollte; dennoch war sie von der Nachricht des bevorstehenden Landwirtschafts-Kurses irritiert – angesichts der bestehenden Aufgabenfülle und der Kräftesituation Rudolf Steiners, auch im Hinblick auf den Reiseweg nach Breslau. Alle anderen, berufsspezifischen Fachkurse der neu begründeten Hochschule fanden 1924 in Dornach statt, sämtliche Kurse für Medizinstudenten und Ärzte, Heilpädagogen, Priester, Eurythmisten, Sprachgestalter und Schauspieler. In das weit entfernte Schlesien aber sollte oder wollte Rudolf Steiner nun reisen, in seiner angegriffenen Situation und ohne weiteren Schutz. Ob Ita Wegman den (naheliegenden) Vorschlag machte, die Landwirte nach Dornach kommen zu lassen, ist nicht bekannt.

Zugleich ging Rudolf Steiners geisteswissenschaftliche Vortragstätigkeit in der Dornacher Schreinerei in den ersten Monaten nach der Weihnachtstagung fulminant weiter. Mitte Februar eröffnete Steiner die «Erste Klasse», den grundlegenden Lehrgang der neuen «esoterischen Schule des Goetheanums»; einen Tag darauf begann er seine Karmavorträge, deren Inhalte widerstrebenden Kräften und Mächten abgerungen waren, wie Rudolf Steiner wiederholt andeutete. Am Karfreitag wies Rudolf Steiner in Dornach erstmals auf die Notwendigkeit eines künftigen Michael-Festes hin, eines «Festes des Seelenmutes, der Seelenkraft, der Seelenaktivität»,[123] das einen *«mächtigen Impuls zur Weiterführung der Zivilisation»* bedeuten würde, sofern es im rechten Sinne begangen werden könne.[124] Rudolf Steiners Vorträge auf und nach der Weihnachtstagung eröffneten weite Perspektiven und waren voller Licht und Wärme aus dem esoterischen Zentrum der Anthroposophie heraus gesprochen; dennoch erlebte Ita Wegman – wie auch Marie Steiner – wie gefährdet die Gesamtsituation und Rudolf Steiners eigenes Leben in dieser unübersehbaren «Flucht nach vorne» war. In Paris, wohin sie den Lehrer noch in der letzten Maiwoche zu Vorträgen begleitete, hörte Ita Wegman ihn zu den Mitgliedern sagen: «Es ist [mit der Weihnachtstagung] verbunden, daß allerdings auch – ich meine von der geistigen Seite her – sehr starke gegnerische Mächte, dämonische Mächte gegen die anthroposophische Bewegung anstürmen. Aber es steht durchaus zu hoffen, daß die Kräfte des Bündnisses, das wir durch die Weihnachtstagung mit guten geistigen Mächten schließen durften, in der Zukunft imstande sein werden, alle diejenigen gegnerischen Mächte auf geistigem Gebiete, die sich doch der Menschen auf Erden bedienen, um ihre Wirkungen zu erzielen, – alle diese gegnerischen Mächte aus dem Felde zu schlagen.»[125] Weitere Einzelheiten dieser Situation eröffnete Rudolf Steiner Ita Wegman direkt und in persönlicher Weise.[126] Von seinem Versprechen, im Juni nach Koberwitz zu reisen und den Kurs für die Landwirte zu halten, aber ließ er sich nicht abbringen – weder von Ita Wegman noch von einem anderen Menschen.

Kurz vor seinem Aufbruch nach Schlesien beendete Rudolf Steiner in Dornach nicht nur sein Aquarell «Urpflanze», sondern sprach am 4. Juni über den «Pfingstgedanken als Empfindungsgrundlage zum Begreifen des Karma». In diesem Vortrag eröffnete Steiner neue Perspektiven zum Verständnis des Kosmos und schilderte den überphysischen Charakter des Weltalls: «Da draußen ist nirgends das Physische. Das Physische ist nur auf der Erde, und es ist einfach Phantastik, vom Physischen im Weltenall zu sprechen. Im Weltenall ist das Ätherische, und dann das Astralische.»[127] Auch beschrieb Rudolf Steiner in so nie zuvor von ihm gehörter Weise die Offenbarung des Ätherischen im Himmelsblau: «der Äther wird […] durch die Himmelsbläue wahrnehmbar». Die Sternwelt sei ein «Einlaßtor» für das Astralische – «so daß überall, wo Sterne hereinglänzen, das Astralische hereinglänzt». Der Sternenhimmel müsse geradezu als eine «Seelenäußerung des Weltenastralischen» betrachtet werden:

> Die Sterne sind der Ausdruck der Liebe, mit der der astralische Kosmos auf den ätherischen Kosmos wirkt![128]

Der Mensch auf Erden werde von den Sternen mit ihren «Liebewirkungen» berührt – er könne die «Liebesstrahlungen» der Sterne bei entsprechend verfeinerter Empfindungsfähigkeit wie das «menschliche Liebestreicheln» erfahren, als Ausdruck der «Geistselbstigkeit des Universums» bzw. der wirkenden, schicksalsgestaltenden Hierarchien:

> Schaue ich einen Menschen an seiner Gestalt nach, schaue ich seine Augen, die mir entgegenleuchten, höre ich seine Stimme, so ist das die Äußerung des Menschen. Schaue ich in die Weltenweiten hinauf, schaue ich auf die Sterne, so sind es die Äußerungen der Hierarchien, die Empfindung erregenden Lebensäußerungen der Hierarchien. Schaue ich in die Unendlichkeit des blauen Weltenfirmaments hinein, so sehe ich nach außen sich offenbaren deren ätherischen Leib, der aber das Unterste ist für diese ganze hierarchische Welt.[129]

Rudolf Steiners Vortrag führte schließlich in die Sphäre des Rosenkreuzer-Spruches *Ex Deo Nascimur / In Christo Morimur / Per Spiritum Sanctum Reviviscimus* und seiner Verbindung mit dem, was Rudolf Steiner am 4. Juni 1924 den «Weihnachts-», «Oster-»

und «Pfingstgedanken» nannte. In seinen Karmavorträgen und Klassenstunden hatte er in den letzten Wochen immer tiefere und kosmischere Aspekte der menschlichen Wesens- und Schicksalsgestaltung, des «Per Spiritum Sanctum Reviviscimus», thematisiert. Nun, kurz vor seinem Aufbruch zu den Landwirtschafts-Vorträgen der Pfingstzeit, verabschiedete er sich in der Dornacher Schreinerei mit einem bemerkenswerten Pfingst-Beitrag über den Kosmos – den inkarnierten und reinkarnierten Menschen im Licht des hierarchischen Weltalls:

> Und wenn wir nach meiner Reise, die ich nun genötigt bin, gerade zu Pfingsten wegen des Landwirtschaftlichen Kursus zu unternehmen, wiederum zusammenkommen, dann bringen Sie diese Empfindung, die fortleben soll als der warme, der feurige Pfingstgedanke, mit, und dann werden wir über das Karma weiter sprechen können.
>
> So aber wird Ihr Verständnis recht befruchtet sein durch das, was der Pfingstgedanke ist. Wie einstmals von der Einsetzung des Pfingstfestes bei der ersten Feier des Pfingstfestes aus jedem der Jünger etwas geleuchtet hat, so sollte eigentlich der Pfingstgedanke wieder lebendig werden auch für anthroposophisches Verständnis.
>
> Es sollte etwas leuchtend werden aus Ihren Seelen heraus.[130]

Bald danach begab sich Rudolf Steiner zum Basler Bahnhof – begleitet von Guenther Wachsmuth und Elisabeth Vreede, den mit nach Koberwitz reisenden Leitern der naturwissenschaftlichen und der astronomisch-mathematischen Sektion der neuen Hochschule. Als Vorbereitungsliteratur hatte Rudolf Steiner den Landwirten seine kosmologisch-christologische Darstellung *Die Geheimwissenschaft im Umriß* sowie das Schulungsbuch *Wie erlangt man die Erkenntnis höherer Welten?* empfohlen; auch sein letzter Dornacher Vortrag oder die Mitschriften der vielen Jahreszeiten- und Mysterienvorträge der letzten zwölf Monate wären von inhaltlichem Interesse gewesen.

Johanna von Keyserlingk zufolge war Rudolf Steiners Ankunft für Freitagabend, den 6. Juni, um 21 Uhr auf dem Breslauer Bahnhof und ca. eine Stunde später in Koberwitz angekündigt, in einem vollkommenen Wechsel der Umgebung, von der Dornacher Schreinerei in ein Schloß im fernen Schlesien:

> Alles war bereit, um diese Pfingsttage festlich zu gestalten. Seit Wochen hatten wir vorbereitet, renoviert und Zimmer hergerichtet – nun waren nur noch überall Blumen hinzustellen und die Haustüren und der Vorraum mit Birken zu schmücken. Ich spielte einen Choral, damit er voll Dank durch das ganze Haus erklänge. (Johanna von Keyserlingk[131])

*

Johanna von Keyserlingk war nicht die einzige, die von Rudolf Steiners schlechtem Gesundheitszustand, ja seinem veränderten Aussehen bei der Ankunft in Breslau überrascht war, zwei Jahre nach ihrer letzten Begegnung: «Ich erschrak, wie elend Rudolf Steiner aussah – ganz verändert. Nachrichten waren von Dornach zu uns gedrungen über seine schwere Erkrankung. Größte Sorgfalt in jeder Beziehung schien bei seinem Aufenthalt hier im Osten geboten.»[132] «Es war, als habe der Tod bereits seine Insignien eingegraben.»[133] Auch der junge Kurt von Wistinghausen, der in Koberwitz mit seinen Priesterkollegen und den Hausangestellten auf das Eintreffen des Autos von Keyserlingk aus Breslau wartete, war von Rudolf Steiners Anblick erschüttert:

> Es dunkelte schon, als das Auto endlich vorfuhr. Als Rudolf Steiner dem Wagen entstiegen war, erschraken wir alle über sein äußerst angegriffenes Aussehen. Er trug trotz der Som-

> merzeit einen Wintermantel. Eine am Griff seiner schweren Aktentasche befestigte Tragschnur, über die Schulter geworfen, schnitt tief in den dunklen Stoff des Mantels ein.[134]

Über ihre weiteren Eindrücke von Rudolf Steiner am späten Abend seiner Ankunft im Schloß, nach der langen Zugfahrt, schrieb wiederum Johanna von Keyserlingk:

> Mir schien Rudolf Steiner mit seinem Geiste in noch höhere Himmelsregionen emporgestiegen – dadurch wurde der Abstand zwischen ihm und den Menschen erschreckend groß. Es war erschütternd, ihn zu sehen – alle hatten den gleichen Eindruck.
>
> Rudolf Steiner erzählte beim Abendbrot einige Witze, um der Stimmung aufzuhelfen, aber wir wurden nicht froh, obwohl den meisten Anwesenden ein Herzenswunsch, einmal ganz in seiner Nähe sein zu dürfen, [...] in Erfüllung gegangen war. Frau Walter, die in Berlin Rudolf Steiner den Haushalt geführt hatte, war gebeten worden, mir die Fürsorge für seine private Pflege abzunehmen und nach den Rezepten der Arlesheimer Klinik seine Speisen zu bereiten. Ich konnte beruhigt sein, daß Rudolf Steiner in dieser Hinsicht auf das Sorgfältigste gepflegt war.
>
> Gütig, aber unendlich müde verabschiedete er sich von uns, um hinauf in sein Zimmer zu gehen.[135]

Als Rudolf Steiner und Marie Steiner-von Sivers ihre Zimmer im ersten Stock des Schlosses bezogen, blieben Graf und Gräfin Keyserlingk unsicher zurück – «Was hatte man ihm angetan? Wie konnte solches überhaupt geschehen sein?»[136] Die ganzen Vorgänge in Dornach, das dortige Ringen und die innere Situation Rudolf Steiners in den letzten zwei Jahren hatten Keyserlingks größtenteils nur aus der Ferne mitbekommen – aber selbst die Menschen am Goetheanum wußten davon nicht vieles, mit nur sehr wenigen Ausnahmen. Zu diesen wenigen Ausnahmen hatte Rudolf Steiners enge Mitarbeiterin an der Christus-Plastik Edith Maryon gehört, deren Kremation in Basel vier Wochen zuvor, am 6. Mai, stattgefunden hatte – nach ihrem langen Leidensweg, der auf die Zerstörung des ersten Baues gefolgt war, in steter Sorge um das Leben Rudolf Steiners.[137] Möglicherweise spürten Carl und Johanna von Keyserlingk am Abend des 6. Juni 1924, warum Rudolf Steiner die definitive Zusage für den Kurs in Koberwitz schwer gefallen war und in was für Bedrängnissen er für die anthroposophische Bewegung arbeitete.

Gemäß Johanna von Keyserlingk hatte der Graf bereits kurz nach dem Eintreffen im Schloß für Rudolf Steiner einen besonderen «Wachdienst» rund um die Uhr eingerichtet, dem der Förster und verschiedene junge Menschen angehörten. «Es erschien uns, als habe der Doktor im Auto eine ganz bestimmte Andeutung in dieser Richtung gemacht, um uns zu warnen. Es wurde uns klar, daß wir jetzt hier für sein Leben verantwortlich waren.»[138]

Das Leben Rudolf Steiners währte nach seiner Ankunft in Koberwitz nur noch zehn Monate – und Steiner war in jeglicher Hinsicht spät nach Schlesien gekommen. Im Schloß des Grafen aber war er sicher – und auch die von Keyserlingk organisierte «Wache» der «jungen Leute» funktionierte über die nächsten zehn Tage hervorragend: «Sie führten seine Aufträge aus, hielten Wache und lösten sich ab, wie Adjutanten im Generalstab.»[139]

3. «Ein strahlendes Pfingstwetter»

Die Atmosphäre der Tagung

Was ist es denn viel, was ich an Mühen hatte? Ich mußte hierher fahren und bin nun in den allerschönsten und besten Bedingungen hier, alles Unangenehme machen andere, und ich habe nur jeden Tag zu reden, allerdings Reden, vor denen ich etwas Respekt hatte, weil sie ein neues Gebiet sind. Meine Mühe ist nicht so groß.

Rudolf Steiner[140]

Schloß Koberwitz

Am Pfingstsamstag, den 7. Juni, strahlte die Sonne, und Rudolf Steiner schrieb bereits in der Frühe am nächsten Kapitel seiner Autobiographie *Mein Lebensgang*, die in der Wochenzeitschrift *Das Goetheanum* erschien und auf deren Fortsetzung Albert Steffen, als verantwortlicher Redakteur, in Dornach wartete. Dann führte Rudolf Steiner eine erste Besprechung mit den Vertretern der anthroposophischen Jugendgruppe in Breslau – dieser an ihn herangetragenen Bitte war Rudolf Steiner unmittelbar entgegengekommen. «Er ging sofort darauf ein und interessierte sich für die Arbeit mit der Jugend, die größtenteils noch gar nicht aus Mitgliedern der Anthroposophischen Gesellschaft bestand.»[141] Gegen 8.30 Uhr erwartete Rudolf Steiner gemeinsam mit Graf von Keyserlingk dann die über 130 Teilnehmer des Kurses, die mit dem Morgenzug aus Breslau angereist kamen[142] – Gutsbesitzer und Gutspächter, Gärtner und in der Landwirtschaft Tätige, engagierte und interessierte Menschen. Vor dem Portal des Schlosses stellte Carl von Keyserlingk Rudolf Steiner die einzelnen Teilnehmer persönlich vor, inmitten eines großen Betriebes: «Die Autos der Firma wurden eingesetzt, das ganze Haus war voll. Diener, Chauffeure und Gärtner steckten in Uniform, alle waren eingeteilt.»[143]

Carl von Keyserlingk war streng gewesen in der Zulassung zum Kurs – lediglich in der Landwirtschaft tätige Anthroposophen waren von ihm zugelassen worden, im Sinne der von vornherein beabsichtigten Ermöglichung eines berufsspezifischen und geschützten Lehrkurses. Rudolf Steiner aber machte zahlreiche Ausnahmen am Portal des Koberwitzer Schlosses; er traf individuelle Entscheidungen, die seinen Umgang mit Menschen – mit Individualitäten, Lebenswegen und Regeln – zeitlebens kennzeichneten. Als der siebenundzwanzigjährige Wilhelm Rath, der Germanistik studiert hatte und die anthroposophische Studentenarbeit in Berlin leitete, vor dem Koberwitzer Schloß erschien, um Rudolf Steiner einen Brief von Walter Johannes Stein aus Stuttgart zu überreichen, entstand eine derartige Situation. Rath war für die erhofften Jugendtreffen mit Rudolf Steiner am Vorabend von Stuttgart nach Breslau gereist:

> Als ich spät abends in Breslau ankam, erkundigte ich mich sofort, wo Dr. Steiner wohnte. Man sagte mir: in Koberwitz beim Grafen Keyserlingk. Das war nur mit der Bahn zu erreichen, und ich beschloß, mit dem ersten Zug am andern Morgen dorthin zu fahren. Es fiel mir auf, daß viele Menschen an der kleinen Station ausstiegen, und ich folgte ihnen zu dem schönen, in einem großen Parke gelegenen Hause. Als alle eingetreten waren, stand vor der Tür noch Dr. Wachsmuth. Ich fragte ihn, ob hier Dr. Steiner wohne. Er bejahte das und fügte in abweisendem Ton hinzu: «Aber das, was jetzt beginnt, ist nur für Landwirte!»
>
> Im selben Augenblick sah ich Rudolf Steiner die Treppe herunterkommen, ging auf ihn zu und übergab ihm, mit einem Gruß von Dr. Stein, den dicken Brief. Herr Dr. Steiner nahm ihn in beide Hände, als wenn er ihn abwägen wollte und blickte mich dabei an, als erwarte er, daß ich noch etwas sage. So faßte ich Mut zu fragen, ich sei nun einmal hierher gekommen und obwohl mir Dr. Wachsmuth schon gesagt hätte, daß der Vortrag nur für Landwirte sei, wollte ich doch fragen, ob ich daran teilnehmen dürfe, auch ohne Landwirt zu sein. Da blitzte es lustig in den Augen Rudolf Steiners und er rief: «Nun, wenn auch kein Landwirt, – sagen wir einmal Landstreicher!» Dann

> legte er seine Hand auf meine Schulter, führte mich so an Dr. Wachsmuth vorbei in den Raum und sagte dabei zu diesem: «Nicht wahr, wir geben ihm eine Karte.» So saß ich unter den Landwirten, bekam meine Karte und die Möglichkeit, an allen Vorträgen des landwirtschaftlichen Kurses teilzunehmen. Das wurde von einer mein ganzes späteres Leben bestimmenden Bedeutung.[144]

Später sprach Rudolf Steiner von der «so anerkennenswerte Toleranz» der Landwirte – bzw. Graf Keyserlingks –, die einigen hinzukommenden Menschen die Teilnahme ermöglicht hätte. Andere hatte Rudolf Steiner selbst abgewiesen: «Da war ein Herr, der seit Jahren am Rande der Anthroposophie herumging, ohne sich hineinstellen zu können. Der wünschte, an den landwirtschaftlichen Vorträgen, an denen seine Frau teilnahm, sich ebenfalls zu beteiligen. Er mußte unverrichteter Sache heimkehren. Die Teilnahme wurde ihm nicht gestattet. Ein solches Interesse von außen her, wie man es für irgendeine ‹interessante Sache› hat, ließ Rudolf Steiner nicht gelten.»[145]

*

Schloß Koberwitz war an diesem Pfingstsamstag mit Blumen geschmückt und sollte es für die nächsten elf Tage bleiben. Rudolf Steiners Vorträge fanden im großen Speisesaal des Hauses statt, der durch die geöffneten Flügeltüren um das Vestibül erweitert war. Steiner sprach, umgeben von 130 Stühlen, an einem Stehpult in der Mitte des Raumes, mit einer Wandtafel-Staffelelei in seiner Nähe.

Am Samstagvormittag aber ergriff zunächst Carl von Keyserlingk das Wort, mit einem innigen Dank für Rudolf Steiners Kommen – und einer Entschuldigung dafür, daß die Eurythmistinnen der Truppe von Marie Steiner, die in Breslauer Hotels untergebracht waren, dort eine schlechte Nacht verbracht hatten (Klagen über Wanzen im Hotel waren am Morgen Marie Steiner überbracht worden). «Mein Mann sagte, es täte ihm leid, daß sie zu ihrem Empfang im Schlesierlande von kleinen Tieren begrüßt worden seien, was leider nicht zu vermeiden sei. Selbst Goethe beschreibe ja einen solchen Empfang im Schlesierlande.» (Johanna von Keyserlingk[146])

Dann begrüßte Rudolf Steiner selbst die Gäste und sprach von dem *«Dank der anthroposophischen Sache, der in unserer heutigen schwierigen Zeit allen Teilnehmern an anthroposophischen Interessen gezollt werden muß.»*[147] Über Koberwitz, seine Ankunft und das Zustandekommen des Kurses im Schloß sagte Rudolf Steiner:

> Es ist ja eine tief befriedigende Tatsache, daß es möglich ist, diesen landwirtschaftlichen Kursus gerade hier im Hause des Grafen und der Gräfin Keyserlingk abhalten zu können. Aus meinen früheren Besuchen weiß ich, welch wunderschön wirkende Atmosphäre, ich meine vor allem auch die geistig-seelische Atmosphäre, es hier in Koberwitz gibt, und wie gerade dasjenige, was hier an geistig-seelischer Atmosphäre lebt, ja die schönste Vorbedingung ist für dasjenige, was innerhalb dieses Kurses gesprochen werden soll. [...] Ich glaube, wir könnten für diesen landwirtschaftlichen Kursus kaum irgendwo besser untergebracht sein als gerade inmitten einer so ausgezeichneten und so musterhaft betriebenen Landwirtschaft.[148]

Rudolf Steiner dankte Carl von Keyserlingk persönlich – für sein Engagement in der Vorbereitung und Organisation der nun beginnenden Tagung, ja für seinen ganzen Einsatz für eine neue, um Gesichtspunkte der anthroposophischen Geisteswissenschaft erweiterte Landwirtschaft:

> War es doch der Graf Keyserlingk, der von Anfang den Bestrebungen, die wir, ausgehend vom «Kommenden Tag», für die Landwirtschaft in Stuttgart entwickelten, mit Rat und Tat und aufopferungsvoller Arbeit zur Seite stand, der ja seinen aus einem so gründlichen Zusammengewachsensein mit der Landwirtschaft herangezogenen Geist in dem walten ließ, was wir in Bezug auf die Landwirtschaft tun konnten. Es war schon, ich möchte sagen, aus dem Innersten unserer Bewegung dadurch etwas an Kräften waltend, die wie mit einer gewissen Selbstverständlichkeit uns hierher zogen nach Koberwitz in dem Augenblicke, wo uns der Graf hier haben wollte.[149]

Rudolf Steiner, so hatte man den Eindruck, war froh, nun endlich in Koberwitz zu sein, trotz all der Mühen und Schwierigkeiten, die hinter ihm lagen. Er sprach von der «notwendigen Empfindungsumgebung» der Anthroposophie – und darüber, daß nun «Festes- und Arbeitstage» anbrechen würden *(«ich denke, es werde auch Arbeitstage sein»)*. Am Ende seiner Begrüßung drückte Rudolf Steiner aus, daß das Ergebnis, ja die Gestalt des Kurses für ihn in gewisser Weise offen sei, und sagte:

> Ich kann nicht wissen, ob dasjenige, was heute schon aus Anthroposophie heraus gesagt werden kann, uns wird nach allen Seiten befriedigen können. Aber es soll versucht werden, das zu sagen, was aus Anthroposophie heraus für die Landwirtschaft gegeben werden kann.[150]

An Ita Wegman schrieb Rudolf Steiner drei Tage später, er sei *«mit etwas wenig Hoffnung»* an die landwirtschaftlichen Vorträge heran gegangen[151] – eine bemerkenswerte Aussage, die erkennen läßt, daß auch Rudolf Steiner die kommenden zehn Tage nicht vollständig übersah, wenn nicht gar unsicher über die mögliche Qualität der anstehenden Unterweisung war. Ob alle Fragen hinreichend beantwortet und ob die Landwirte die eröffneten

Grundlagenperspektiven aufnehmen würden, war offensichtlich fraglich, darüber hinaus aber auch, inwieweit die geisteswissenschaftlichen Ausführungen selbst gelingen konnten – er habe «etwas Respekt» vor den landwirtschaftlichen Vorträgen gehabt, *«weil sie ein neues Gebiet sind»*, sagte Rudolf Steiner im späteren Rückblick.[152] Ob seine späte Ankunft in Koberwitz – neben allem anderen – auch mit dieser Tatsache in Verbindung stand, ist geschichtlich unklar. Unmittelbar nach seiner Begrüßungsansprache ging Rudolf Steiner dann jedoch zu seinem ersten, fundamentalen Vortrag über.

*

Nach Rudolf Steiners Vortrag gab es – wie auch nach allen weiteren Kurs-Vorträgen – ein umfangreiches zweites Frühstück für sämtliche Kursteilnehmer, mit 600 vorbereiteten Broten, die im Stehen und Wandeln einzunehmen waren («der Förster schnitt die Brotscheiben ab, der Chauffeur die Wurst- und Käsescheiben»[153]). Für Rudolf Steiner selbst war eine Rückzugmöglichkeit vorbereitet worden:

> Wir waren etwas unsicher, was wir tun sollten; wir glaubten, Herr Doktor wolle nach dem Vortrag ruhen, er sah müde aus; daher richteten wir für ihn, Frau Doktor und Frl. Dr. Vreede das Frühstück in einem extra Zimmer. Aber ich glaube, es ist ihm nicht recht gewesen, er wollte lieber mit unter den anderen sein.[154]

In der Tat blieb Rudolf Steiner an den folgenden Tagen, nach seinem Vortrag und vor der sich anschließenden Diskussion, immer unter den frühstückenden Gästen: «In der Pause öffneten sich alle in angeregten Gesprächen und Dr. Steiner ging sehr fröhlich zwischen uns herum.»[155] «Wenn […] wir Zuhörer während der Frühstückspause vor das Schloß hinaustraten und, die kleinen Frühstücksteller in der Hand, uns bei dem herrlichen Pfingstwetter unter den Bäumen des Parkes ergingen, war Rudolf Steiner unter uns und für jeden zu sprechen, so einfach und anspruchslos, daß niemand daran dachte, daß der Mantel des Elias um seine Schultern hing.»[156] Bereits am Nachmittag seines ersten Koberwitzer Tages schrieb Rudolf Steiner an Ita Wegman nach Arlesheim, daß es ihm physisch gut gehe – *«Ich freue mich herzlichst über das Wohlsein, und kann melden, daß ich die Reise gut überstanden habe. Ich hoffe, es wird nichts Schlimmes passieren.»*[157]

Rudolf Steiner war leidend in Koberwitz angekommen und sah nach seinem ersten Vortrag «müde» aus; die folgenden Tage, ja die Gesamtatmosphäre der Tagung aber taten ihm gut. Die großzügige Weite des Schlosses und seiner Bewohner, die strahlende, warme Pfingstsonne und die Lebensthematik, das ätherische Niveau seiner eigenen Vorträge – vor und inmitten von tätigen Bauern – gaben ihm ganz offensichtlich zusätzliche Kräfte. Johanna von Keyserlingk betonte im Rückblick: «Er schien mit großer Freude die Tagung abzuhalten und sah ganz jung aus. Von Tag zu Tag schien er gesünder und froher zu werden und verbreitete Zuversicht und Freude über alle Anwesenden.»[158] Auch die Ernährung Rudolf Steiners, um die im Vorfeld viele Sorgen bestanden hatten, gestalte sich von Anfang an erfreulich:

> Jeden Mittag bekam er eine ausgezeichnete Suppe aus Gemüse, Kräutern, Käse und Kümmel; dann zwei weiche Eier, die Frau Walter, damit sie ganz frisch sein sollten, jeden Tag von der Henne selbst abnahm, und eine österreichische Mehlspeise. Herr Doktor aß immer alles auf, was er bekam; es schien ihm zu schmecken, es war aber auch alles mit einer solchen Liebe und Sorgfalt vorbereitet worden. Einmal sah ich verwundert, daß er die Suppe stehen ließ. Ich frug ihn, warum er heute nicht äße. «Weil ich keinen Löffel habe», war die lakonische Antwort; lachend wurde ihm einer gebracht. Täglich sah auch Herr

Doktor fröhlicher und gesünder aus, so daß man die Sorgen der ersten Tage zu vergessen schien. (Johanna von Keyserlingk[159])

Daß die «Sorgen» dennoch berechtigt waren, wußten die Menschen in seinem engeren Umkreis, und in seinen gesundheitlichen Mitteilungen an Ita Wegman gab sich Rudolf Steiner aus Koberwitz nie euphorisch. «Ich versuche hier die Gesundheit zu halten – es geht vorläufig, so daß ich Dir nichts Ungünstiges zu berichten brauche.» (10. Juni[160]) «Mit der Gesundheit werde ich durchhalten.» (12. Juni[161]) Dennoch war unübersehbar, daß Rudolf Steiner sich in Koberwitz teilweise erholte – und das Thema seiner Vorträge ihm gut tat:

Wie herzhaft und sachkundig sprach er etwa von der Art, wie man einen Komposthaufen anzulegen habe! Man war damit sofort in eine bäuerliche Atmosphäre versetzt und mußte den Glauben haben: dies sei nun sein eigentlicher Beruf, in dem er sich durchaus beheimatet fühle. Es schien ganz in der Ordnung, wenn ihn daraufhin im Namen der versammelten Gutsbesitzer, Bauern und Gärtner der Graf Keyserlingk als den «Großbauern» ansprach, von dem sie alle gern die Weisungen für ihre Berufsarbeit entgegennähmen. (Rudolf Meyer[162])

Wer den landwirtschaftlichen Kursus miterleben durfte, empfand auch gerade bei den Darstellungen, die sich um die praktische Handhabung, um Pflanzen, Vieh und Mist drehten, die außerordentliche geistige Weihe, die über alles gebreitet war. Ernst und Humor gaben sich in einzigartiger Weise die Hand. Dr. Steiners Verhalten zu den Versammelten, zu einzelnen Persönlichkeiten, zu dem gastgebenden Grafen Keyserlingk und seiner Gemahlin war von einer unvergleichlichen und unvergeßlichen Würde. (Kurt von Wistinghausen[163])

*

Am Pfingstsonntagmorgen besah Rudolf Steiner das Gut von Schloß Koberwitz im einzelnen; begleitet von Graf und Gräfin Keyserlingk schritt er zu den Garten- und Beetanlagen, auf seinen eigenen Wunsch hin («Herr Doktor hatte Carl gesagt, er wolle heute früh die Landwirtschaft, Gutshof und Park ansehen»[164]). Obwohl er nicht zum ersten Mal Gast in Koberwitz war, hatte er nie zuvor das Anwesen als solches gesehen; nun machte Steiner eine Vielzahl von Beobachtungen und Bemerkungen, u.a. über den hohen Eisengehalt des Bodens, von dem er wenige Stunden später, am frühen Nachmittag des Pfingstsonntages, auch Ita Wegman brieflich berichtete: «Heute vormittag besah ich mir den Gemüseanbau, die Landwirtschaft und die Viehzucht in Koberwitz. Alles ist sehr interessant. Überrascht bin ich vom Wasser. Das hat einen ganz hohen Eisengehalt und ich beginne, zu sinnen, wie sich gerade dieses Wasser, dessen Eisen selbst an den Waschbecken haftet, medizinisch verwerten läßt. Ich glaube, da könnte etwas sehr Wertvolles herauskommen.»[165] Über Rudolf Steiners Bemerkungen zum Eisen im Garten des Schlosses schrieb Johanna von Keyserlingk:

> Rudolf Steiner meinte, man sähe es den Rosen und vorhin auch dem Salat an, daß sie sich nicht recht wohl fühlten in dem eisenhaltigen Boden. Carl erwiderte, daß alles hier so mit Eisen durchsetzt sei, und wir daher kaum trinkbares Wasser hätten. Herr Doktor meinte, er wolle das Wasser gern einmal in Augenschein nehmen. Während der Aufseher, welcher die Pumpmaschinen zu bedienen hatte, geholt wurde, ging Herr Doktor nochmals zu den Rosen, er besah ihren traurigen Zustand. «Ja», meinte er, «hier in diesem eisenhaltigen Boden werden Ihnen keine Rosen gedeihen. Sie müssen hier anderes hersetzen oder eine Bleiverdünnung geben, um das Eisen zu neutralisieren.»

Unterdessen war das Pumphaus aufgeschlossen worden, und Herr Doktor kostete das Wasser. Frau Doktor war etwas entsetzt darüber wegen seines kranken Magens. Er meinte lächelnd, man könne das Wasser hier sicher für eine Trinkkur für Gallenleiden verwenden.

Herr Doktor ging dann zwischen Carl und mir allein nach dem Hause zurück und sagte uns etwas, was uns zuerst sonderbar vorkam, nämlich daß das Eisen hier im Boden eine Verbindung zu uns habe, er habe das gestern mit dem eisernen Grafen und der eisernen Gräfin nicht ohne Grund gesagt. «Sie haben doch beide einen eisernen Willen, ich meine, im Verfolgen Ihrer Ziele. Das Eisen im Boden und dieser eiserne Wille, der von ihnen beiden ausgehend in allem waltet, das hängt schon zusammen, das zieht sich an.» Wir begriffen erst langsam den Sinn dieser Worte.[166]

Im Rückblick auf seine Koberwitzer Zeit und die Gestalt des Grafenehepaares sagte Rudolf Steiner nach seiner Rückkehr auch in Dornach: «Es war auch tatsächlich in dem moralischen Verhalten etwas durchaus Eisernes.»[167] Über die Geheimnisse des Eisenprozesses hatte er in seinem Schreinerei-Vortrag zur «Michaels-Imagination» am 5. Oktober 1923 umfassend gesprochen – im Zusammenhang mit Betrachtungen zu einem künftigen Michaels-Fest. «Entängstigung» und «Entfürchtung» hatte Rudolf Steiner dort als physiologische Motive der Blut-Eisenwirkung benannt – und unter anderem gesagt: «[Der Mensch] muß das Michael-Fest feiern lernen, indem er das Michael-Fest gerade zu einem Entängstigungsfeste, zu einem Furchtlosigkeitsfeste, zu einem Feste innerer Initiative und innerer Kraft gestaltet, indem er das Michael-Fest zu dem Feste der Erinnerung des selbstlosen Selbstbewußtseins gestaltet.»[168] Als Rudolf Steiner mit Carl von Keyserlingk die Umgebung von Schloß Koberwitz abschritt, war es nicht Herbst, sondern Pfingsten – ein strahlender, warmer Sonntagmorgen im Juni. Carl von Keyserlingk aber hatte den Kurs in «selbstlosem Selbstbewußtsein», unerschrocken und gegen alle Widerstände durchgesetzt und ermöglicht, durch dunkle Zeiten innerhalb der Gütergesellschaft «Vom Rath, Schöller und Skene AG» und durch dunkle Zeiten Dornachs und Mitteleuropas. Dafür war ihm Rudolf Steiner von Herzen dankbar. Nun konnte in Koberwitz etwas Neues und «Michaelisches» beginnen, das in den nächsten Tagen immer deutlichere Gestalt annehmen sollte.

*

Über den weiteren Rundgang am Pfingstsonntagmorgen schrieb Johanna von Keyserlingk:

> An der Försterei rief ich unseren schönen braunen Setter heran, um ihn Herrn Doktor zu zeigen. Auch Herr Doktor wollte ihn anlocken, doch kam er scheu heran; ich meinte, diese Art sei scheu, aber Herr Doktor erwiderte, der Hund sei verprügelt. Ich ging dann noch mit ihm an meiner neuen Obstanlage vorbei, die nicht recht wachsen wollte, wohl weil sie so tief und feucht lag; es fiel von ihm das Wort, daß in solchem Falle Kali-Magnesium anzuwenden sei.
>
> Vom Wasser her, wo die Eurythmistinnen im Kahn fuhren, klang ihr frohes Lachen herüber. Herr Doktor liebte sie, als seien sie alle seine Pflegekinder.[169]

Nach Johanna von Keyserlingk hielt Rudolf Steiner im direkten Anschluß an den Spaziergang eine Esoterische Stunde in Schloß Koberwitz, am späten Vormittag des Pfingstsonntages und vor kleinem Kreis:

> Rudolf Steiner sprach von Meditationen, die der Bauer für sich und seine Erde praktizieren soll, von Wesenheiten, die sich in die Menschengemeinschaft eines Hofes heruntersenken und

> auf die Erde, die Pflanzen und im Umkreis des Hofes wirken – und wie es Menschen dann möglich sein würde, über ihre moralischen Willenskräfte das Wetter zu beeinflussen. Eindringlich sprach er über die Degeneration der Nahrungsmittel und wie nötig es sei, neue Pflanzen zu züchten. Und es sei nötig, eine ganz neue Wissenschaft zu begründen, die nicht durch sich selbst, sondern durch esoterische Wahrheiten wirksam wird. […]
>
> Er sprach über Engelchöre, die sich über Orten bilden, wo man sich in Gemeinschaft vorbereite auf das Hereinfließen erhabener Geistwesen, die sich helfend dem Menschen verbinden wollen. Dann würde man die Möglichkeit bekommen, Beziehung zu jenen Hierarchien zu finden, denen die Naturgeister dienen, so daß sie heilend einfließen können in das Leben der Pflanzen. Und Rudolf Steiner sagte, mit einem herzlichen Blick zu Frau Dr. Vreede hin: «… Und Dr. Vreede ist es, die dann durch ihre Arbeit die Verbindung erreichen wird zu diesen Sphärengeistern.»[170]

Fünf Monate zuvor, am 5. Januar 1924, einen Tag vor Epiphanias, hatte Rudolf Steiner der «Jungmediziner»-Gruppe im Dornacher Glashaus im Verlauf ihres medizinischen Kurs («Moral des medizinischen Studiums und der Praxis [esoterisch und exoterisch]») eine erste Meditation vermittelt – eine Übung zur innerlichen Vertiefung in die Bildeprinzipien und den geistigen Umraum des Pflanzenwesens, mit einer nachfolgenden Wendung an das menschliche Ich und den willentlich zu begehenden Weg der Selbstverwandlung:

> Ihr heilenden Geister
> Ihr verbindet euch
> Dem Sulphursegen
> Des Ätherduftes;

Ihr belebet euch
Im Aufstreben Merkurs
Dem Tautropfen
Des Wachsenden
Des Werdenden.

Ihr machet Halt
In dem Erdensalze
Das die Wurzel
Im Boden ernährt. –

Ich will mein Seelenwissen
Verbinden dem Feuer
Des Blütenduftes;

Ich will mein Seelenleben
Erregen am glitzernden Tropfen
Des Blättermorgens;

Ich will mein Seelensein
Erstarken an dem Salzerhärtenden
Mit dem die Erde
Sorgsam die Wurzel pflegt. –[171]

*

Gräfin Keyserlingk zufolge sagte Rudolf Steiner in seiner esoterischen Pfingstsonntag-Ansprache auch, daß die geisteswissenschaftlichen Erkenntnisse nur über das *johanneische Wort*, das mit dem Weltenwort, dem Logos, übereinstimme, verbreitet werden könnten – jedes Verarbeiten dieser Erkenntnisse im Sinne der heutigen materialistischen Wissenschaft den esoterischen Inhalten dagegen schaden, ja sie von der Mitwirkung des Weltenwortes abtrennen würde.[172]

Auch eine Woche später, am frühen Sonntagmorgen des 15. Juni – als in der Dornacher Wochenschrift *Das Goetheanum* Rudolf Steiners autobiographischer Aufsatz über seine erste Beschäftigung mit Goethes Märchen von der grünen Schlange und der schönen Lilie erschien – fand, Gräfin Keyserlingk zufolge, auf Anregung von Ernst Stegemann eine weitere esoterische Stunde im Schloß «im Hinblick auf die landwirtschaftlichen Vorträge» statt. «Nur wenige nahmen daran teil, nur die älteren Mitglieder der Klassenstunden.»[173] Über den Inhalt dieser zweiten Stunde überlieferte Johanna von Keyserlingk nichts; möglicherweise aber gab Rudolf Steiner weitere Anregungen, wie mit dem Inhalt der landwirtschaftlichen Vorträge esoterisch zu leben war.

Am selben Sonntag des 15. Juni, dem vorletzten Kurstag, übergab Rudolf Steiner den drei Priestern der Christengemeinschaft, die am Kurs teilnahmen, den Text der Johanni-Espistel, die er in der Nacht zuvor niedergeschrieben hatte

> Es war in einer Pause während der landwirtschaftlichen Vorträge in Koberwitz, da Rudolf Steiner vor uns hintrat und ganz schlicht, doch selber von einem solchen Texte freudig bewegt, den er in nächtlicher Arbeit vollendet hatte, uns den Bogen überreichte, auf denen die Weiheworte der neuen Johannisfesthandlung zu lesen waren. (Rudolf Meyer[174])

> Wir lasen sie gleich miteinander im Park und Dr. Steiner fragte uns anschließend, wie sie uns gefalle. Wir machten ihn noch auf einen Schreibfehler aufmerksam, den er gleich bereitwilligst korrigierte. (Kurt von Wistinghausen[175])

Neun Tage später war der Tag des Täufers – und die Epistel konnte innerhalb der Menschen-Weihehandlung erklingen. Wie in den alten Kulminationszeiten der Mysterienkulturen waren die Initiationstaten in Koberwitz vereinigt: Rudolf Steiner unterrichtete die Landwirte in der geistigen Ordnung ihrer Arbeit – und ermöglichte den Kultus, so wie er dies Guenther Wachsmuth im Anblick der Druidensteine und im Hinblick auf alte Zeiten berichtet hatte («… er erzählte, wie sie die Weihefeste und Kulte des Jahres nach diesen kosmischen Rhythmen gestalteten und ihre priesterlichen Weisungen an die Angehörigen ihrer Gemeinden gaben; wie das Geschehen der Jahreszeiten sich geistig im Kultus, physisch bis in die Handhabung der landwirtschaftlichen Arbeit spiegeln müsse.»)

*

Rudolf Steiners landwirtschaftliche Vorträge fanden – nach dem Eröffnungsvortrag vom Samstag, dem 7. Juni, und der Pause der beiden Pfingstfeiertage – ab dem 10. Juni allmorgendlich bis zum 16. Juni statt, über sieben aufeinanderfolgende Tage (von Montag bis Montag). Nach den Frühstückspausen erfolgten jeweils umfangreiche Fragenbeantwortungen, im Sinne eines landwirtschaftlichen Gespräches mit Rudolf Steiner. Nachmittags, nach der Rückreise der Kursteilnehmer mit dem Zug nach Breslau, sah Steiner Mitglieder der Anthroposophischen Gesellschaft, die ihn zu Einzelgesprächen im Schloß treffen wollten (und sich dafür zuvor schriftlich bei Graf Keyserlingk angemeldet hatten) – sowie wiederholt auch Patienten, die ihm von Dr. Ludwig Engel, einem Mitglied des «Jungmediziner»-Kreises, im Schloß vorgestellt wurden. Graf Keyserlingk hatte bereits im Vorfeld der Tagung versucht, Rudolf Steiner vor allen Anfragen zu schützen: «[…] Graf Keyserlingk, der sich für die Tagung verantwortlich fühlte, machte jedem klar, er werde dafür sorgen, daß niemand mit persönlichen Anliegen zu Rudolf Steiner käme, denn dieser sei krank und viel zu beschäftigt, um neben den Vorträgen noch persönliche Besprechungen zu bewältigen.»[176] Dr. Engel, den Keyserlingk auch nicht zu den landwirtschaftlichen Vorträgen zulassen wollte, hatte sich daraufhin bittend an Ita Wegman gewandt – sie möchte ihm den Zutritt zu dem Landwirtschafts-Kurs und die Vorstellung der Patienten gestatten, für ihn unterstützend eintreten: «Wenn Sie, sehr verehrte Frau Doktor, meinen, daß dies gut möglich ist, bitte ich Sie sehr, mir dies zu schreiben.»[177] Ob Ludwig Engel von Ita Wegman noch eine Antwort vor Kursbeginn erhielt, ist nicht bekannt; Rudolf Steiner aber, mit dem Ita Wegman gesprochen hatte, sah Ludwig Engel mit seinen roten Haaren schon am Morgen des ersten landwirtschaftlichen Kursvortrages vor dem Schloß – in der Gruppe der von Breslau Anreisenden:

> An dem kleinen Bahnhof stiegen wir aus und machten uns auf den Weg zum Schloß. Vor dem Portal stellte Graf Keyserlingk Rudolf Steiner die Kursteilnehmer vor. Da erblickte mich Rudolf Steiner, winkte mich heran und sagte: «Frau Dr. Steiner leidet an einer Stimmbandschwäche und hat doch einen Sprachkurs zu geben. Können Sie mir Pyrit D3 verschaffen?» Das war damals nicht einfach, denn Apotheken hatten keine Heilmittel der «Internationalen Laboratorien AG» auf Lager – und Post war lange unterwegs. Doch hatte ich gerade in Stuttgart dieses Mittel bestellt, es war denselben Morgen angekommen. Wie froh war ich, prompt damit dienen zu können! Er fuhr, zu mir gewendet, fort: «Ich habe gehört, daß Sie mir einige Patienten vorstellen möchten, daß aber Graf Keyserlingk da Schwierigkeiten macht. Nun, wenn der Graf es nicht zuläßt, werde ich eben zu Ihnen nach Breslau kommen.» «Das kommt ja nicht in Frage, Herr Doktor», rief ich aus. «Graf Keyserlingk will Sie ja nur vor Überanstrengung schützen! Wenn Sie es ihm erklären, wird er es gewiß unterstützen und arrangieren.» Und so geschah es auch.[178]

Ludwig Engel stellte Rudolf Steiner schließlich mehr als zwanzig seiner schwierigen Patienten vor[179] – und Steiner war mit seiner anthroposophisch-ärztlichen Arbeit sehr zufrieden. «Den ganzen Nachmittag war Dr. Engel da mit Patienten. Es ist schön, wie er ganz in unserem Sinne arbeitet. Ich werde Dir davon erzählen», schrieb er am 11. Juni an Ita Wegman.[180] Unter den Rudolf Steiner vorgestellten Patienten war auch Engels eigenes Kind, ein kleiner, zweijähriger Junge, der an einer Rachitis litt. Über diese therapeutische Begegnung schrieb Ludwig Engel später:

> Die von Rudolf Steiner vorgeschlagene Therapie führte schnell zu einem vollen Erfolg.
>
> Während ich das Kind auf dem Arm hielt, bemerkte ich, wie Rudolf Steiner des Kindes Kopf mit den Fingern berührte. Ich glaubte, er wolle untersuchen, ob die Fontanelle noch offen sei. Da sah ich, wie er mit seiner Hand auf dem Köpfchen bestimmte Zeichen zog – dabei war sein Blick ganz nach innen gewendet. Ich verstummte. Es schien, daß er den Knaben segnete.[181]

*

Allabendlich hielt Rudolf Steiner seine Karma-Vorträge in Breslau, an zwei Tagen ergänzt um Klassenstunden – um 23 Uhr kam er, nach einer fast einstündigen Autofahrt, mit dem Wagen von Keyserlingk wieder zum Schloß zurück. Auch mit seinen Karma-Darstellungen begann Rudolf Steiner bereits am Tag nach seiner Ankunft; über die Rückkehr aus Breslau an diesem ersten Abend und die Situation im Schloß schrieb Johanna von Keyserlingk:

> Spät abends, als die Autos wieder in Koberwitz angelangt waren, hatte ich das Essen für Herrn und Frau Dr. Steiner allein in ihren Zimmern anrichten lassen. Wir anderen setzten uns im Eßzimmer zusammen, und jeder machte sich ohne Feierlichkeit ein Butterbrot – da kam Rudolf Steiner auf einmal die Treppe herunter und sagte, er sei doch kein Gefangener, er wolle nicht allein oben essen, und er versetzte uns mit seinen Scherzen in fröhliche Stimmung. Jemand lief, sein Essen

> herunterzuholen, und wir saßen noch eine glückliche Stunde mit ihm zusammen um den Eßtisch. Es schien, als sei er froher geworden.[182]

Dieses gemeinsame, späte Essen wiederholte sich daraufhin jeden Abend, in der Stunde vor Mitternacht.

Während die Freunde daraufhin erschöpft ins Bett gingen, arbeitete Rudolf Steiner noch stundenlang weiter. «Rudolf Steiner schlief wenig. Wir hatten an sein Bett einen große Tisch für Bücher und Schriftstücke gerückt, so daß er dort arbeiten konnte.»[183] In den Koberwitzer Nächten schrieb Rudolf Steiner autobiographischen Beiträge für die Wochenschrift *Das Goetheanum*, geisteswissenschaftliche Aufsätze für die Mitglieder der Anthroposophischen Gesellschaft (die im *Nachrichtenblatt* erschienen), besondere Briefe an Ita Wegman[184] – und anderes. Seine eilige Post brachte Andreas von Grunelius gegen 5 Uhr nach Breslau, nachdem Alexander von Keyserlingk sie ihm übergeben hatte:

> Ich hatte gehört, daß Rudolf Steiner nach den Vorträgen noch stundenlang bis in die Nacht hinein arbeitete, dann ging er durch das weitläufige, stille Haus die Treppe hinab, schloß auf und übergab Grunelius, der im Auto davor wartete, seine Post für den Frühzug. Deshalb sagte ich zu Rudolf Steiner, es sei doch unnötig, daß er, der so spät zu Bett ginge und als erster wieder auf sei, auch noch nachts durch das ganze Haus gehen müsse. In Zukunft würde ich seine Briefe abholen. Da meinte er: «Sie müssen aber doch auch schlafen!» Ich antwortete, es sei wohl wichtiger, daß er zum Schlafen käme. Er sagte darauf nicht ja und nicht nein, und so klopfte ich etwa um halb vier Uhr früh an seine Tür. Auf sein «Herein» trat ich ein und sah ihn, aufrecht schreibend, im Bett sitzen. Er sagte nur: «Es dauert noch ein wenig.» Als ich bald darauf wiederkam, hatte er

die Briefe schon fertig und gab sie mir. Das habe ich dann jeden Morgen so gemacht. (Alexander von Keyserlingk[185])

*

Ruhepausen während des Tages gab es für Rudolf Steiner kaum – «wenn man den in Ruhe ließ, hat er immer in seinem Zimmer gearbeitet und kam nie raus. Bescheiden!», so das Zimmermädchen Paula Eckardt.[186] Die zusätzlichen Klassenstunden und Jugendzusammenkünfte in Breslau bewältigte Steiner wie alles andere, und an der Eurythmieaufführung im Lobe-Theater nahm er am 9. Juni ebenso selbstverständlich teil wie an der Aufführung von Goethes *Iphigenie*, die am 15. Juni von der Kugelmann-Truppe in Breslau gegeben wurden. Dort sagte er, positiv überrascht, die Abhaltung eines «Dramatischen Kurses» für den Sommer zu.

Selbst die späten Mittagsmahlzeiten nach der landwirtschaftlichen Fragediskussion waren gesellschaftliche Ereignisse, für jeweils 12 Menschen, die dafür «im engsten Kreis» zur Tafel geladen wurden. Rudolf Steiner erzählte – auf Bitten – Geschichten aus seinem Leben, forderte aber auch andere Menschen dazu auf:

Der Priester Rudolf von Koschützki wurde einmal angeregt, von seinem Eisenbahnunfall zu erzählen, bei dem er wunderbarerweise gerettet wurde, obwohl er eine ganze Nacht unter Trümmern eingeklemmt und verletzt bei Bewußtsein durchlebt hatte.

Er saß am Tisch zwischen Guenther Wachsmuth und mir, uns so konnte ich das tiefernste Antlitz Rudolf Steiners aus der Nähe beobachten, wie er unentwegt still auf den Erzähler schaute, und man konnte ihm anmerken, daß er mehr wahrnahm, als der Bericht in Worten auszudrücken vermochte. (Luise von Zastrow[187])

Oft wurde Rudolf Steiner von einem ihm nahesitzenden Menschen beim Essen etwas gefragt und gab bereitwillig Antwort, zu den verschiedensten Themen und mit oft überraschendem Ergebnis. «Als es Erdbeeren zum Nachtisch gab, fragte ich, ob es gut sei, sie bis zu einer solchen Größe zu züchten und bekam zur Antwort, daß dadurch unter Umständen die Erdbeerpflanzungen ganz verschwinden könnten, weil die Aura der Gruppenseele dabei zerstört würde.»[188]

Über die Zukunft Mitteleuropas ging Rudolf Steiner auf Fragen von Graf Keyserlingk am letzten Tag seines Aufenthaltes in Koberwitz ein:

> In einem privaten Gespräch mit Carl fielen die Worte, man schaue viel zuwenig nach dem Osten. Dort werde die Entscheidung über Europa fallen, denn Deutschland werde einmal nur eine amerikanische Kolonie sein.
>
> Carl hatte Rudolf Steiner gefragt, wie er die Zukunft Deutschlands sähe und Rudolf Steiner habe darauf geantwortet: «Die Schornsteine werden stürzen und Deutschland wird zu einem Agrarstaat herabsinken.» Dann habe Rudolf Steiner sehr ernst gesagt: «Es wird darauf ankommen, Inseln in klösterlicher Abgeschiedenheit auf dem Lande zu schaffen, in denen dann noch kulturelles deutsches Geistesleben gepflegt werden kann. Das Ausland wird seine Söhne und Töchter zur Erziehung dorthin schicken.» Nach einer Weile habe er hinzugefügt: «Und man wird weit von einer Insel zur andern fahren müssen.»
>
> Rudolf Meyer hatte sich über dieses Gespräch etwa folgendes notiert: Deutschland hat aufgehört, politisch etwas zu bedeuten. Es wird zum Agrarland herabsinken, in dem, wie Oasen, Stätten des Geisteslebens sein können. Dann muß sich Anthroposophie allgemein ausbreiten innerhalb des mitteleuropäischen Gebietes. Und das kann sie auch. Deutschland könnte eine Aufgabe bekommen wie Griechenland nach der

> Unterwerfung durch Rom – als geistiger Erzieher der dominierenden Völker. Es muß nur diese Aufgabe erkennen, sonst tritt in Europa absolute Barbarei ein, und die Kultur versinkt. (Johanna von Keyserlingk[189])

Im selben Zusammenhang sagte Rudolf Steiner auch:

> Die Schornsteine in Deutschland werden stürzen. Es liegt darin auch eine gerechte Welteninkarnation, denn nirgends hat die Industrie solche Giftpflanzen getrieben wie bei uns.[190]

In der Nacht darauf trat Rudolf Steiner in Beziehung zur Individualität des acht Jahre zuvor verstorbenen Hellmuth von Moltke, des ehemaligen Generalstabchefs des deutschen Heeres; die Niederschrift dieser geistigen Wahrnehmung übergab er am Morgen Carl von Keyserling für Eliza von Moltke.[191]

*

Am Freitag, dem 13. Juni, wünschte Rudolf Steiner, zwischen der von ihm gehaltenen zweiten Klassenstunde in Breslau (um 18 Uhr) und dem späteren Karma-Vortrag (um 20 Uhr) nach einer kurzen Mahlzeit die Kirchen auf der Dominsel von Breslau zu besuchen – in einer der wenigen freien Minuten, die ihm blieben. Dort machte er seine Begleiter auf manches aufmerksam: «Er gab interessante Erklärungen, er wies Wachsmuth hin auf das Auge Gottes in einem Dreieck in der Sonnenmitte – man habe vormals viel darüber gewußt.» Rudolf Steiner verharrte aber auch lange allein vor einem Altar:

> Herr Doktor stand lange versunken vor dem Altar [der Sandkirche] und nahm den Eindruck in sich hinein, es war, als horche er die Geistigkeit der Atmosphäre ab. (Johanna von Keyserlingk[192])

Selbst dem gemeinschaftlichen Wunsch, am Montagabend, dem 16. Juni, nach Abschluß des letzten Kursvortrages und der Bewältigung der letzten Patienten-Konsultationen, zu einem abschließenden «Fest» mit 370 Menschen in einem Lokal auf der Sandinsel im Zentrum der Oderstadt zusammen zu kommen – mit Ansprachen und künstlerischen Darbietungen sowie Verpflegung durch Schloß Koberwitz – versagte sich Rudolf Steiner nicht. In seiner eigenen Rede dankte Rudolf Steiner dort erneut Graf von Keyserlingk für alles Unternommene – und Moritz Bartsch für seine anthroposophische Arbeit in Schlesien. Bartsch hatte Mühe, diesen Dank des großen Lehrers anzunehmen – bereits Jahre zuvor hatte er versucht, alle entsprechenden Bemühungen Steiners zurückzuweisen: «Rudolf Steiner wollte sich für meine anthroposophische Tätigkeit in Schlesien bedanken, als wir einmal allein beisammen saßen. ‹Aber Herr Doktor›, unterbrach ich sein Wort, ‹Sie wollen sich bei mir bedanken? Bitte sehen Sie mich einmal an; ich bin nur 1 m 62 cm groß, bin als Junger barfuß über Wegen und Stege gelaufen und auf die Bäume geklettert, und jetzt habe ich die große Gnade, das Christentum im Zeitalter der Bewußtseinsseele in neuer Art den Menschen zu verkünden. Dieses hohe Glück verdanke ich Ihnen, Herr Doktor!› Da reichte er mir wortlos seine Hand, aber ich glaube beobachtet zu haben, daß seine Augen feucht geworden waren.»[193] Rudolf Steiner war den Menschen, die sich für die Anthroposophie im 20. Jahrhundert einsetzten, tief und dankbar verbunden – und er liebte den bescheidenden, kämpferischen Rektor aus Breslau, dessen Söhne den «Landwirtschaftlichen Kurs» mitvorbereitet und -ermöglicht hatten.

In dem Lokal auf der Oderinsel führte Rudolf Steiner noch einmal zahllose Gespräche und wirkte freudig; auch kranke Menschen fanden erneut den Weg zu ihm. «Viele waren gekommen, um ihn um Rat zu fragen, so auch eine Blinde, und ich sehe noch die Gebärde Rudolf Steiners, wie er ihre tastenden Hände liebevoll in die seinen nahm.» (Johanna von Keyserlingk[194]) Der Arzt Ludwig Engel schrieb später jedoch auch:

> [...] Dr. Steiner war von dem Trubel sichtlich angestrengt. Das Haar fiel ihm auf die Stirn, auf der Schweißtropfen erschienen.
>
> Kurz vorher hatte mich noch eine Patientin konsultiert. Ihr war einige Jahre zuvor ein Auge herausgenommen worden, nun zeigten sich unangenehme Symptome an dem anderen. Ich hielt den Zustand für so ernst, daß ich der Dame sagte, ich würde versuchen, sie während der Veranstaltung Herrn Doktor kurz vorzustellen. Das gelang, und Rudolf Steiner gab auch sofort medizinischen Rat. Aber, nicht zufrieden damit, zog sie nun ein Skizzenbuch hervor: hier seien Malereien eines Mediums in Trance und Herr Doktor möge sie sich bitte ansehen. Sichtlich unglücklich blätterte dieser in dem Skizzenbuch herum – er hatte nichts dazu zu sagen und schien äußerst erschöpft. Da kam ein ängstlicher Vater dazu und sprach mich an, sein Söhnchen habe Blasenkatarrh und hohes Fieber – was könnte Dr. Steiner raten? Damit wandte er sich direkt an Rudolf Steiner, und ich hörte, wie dieser sagte: «Machen Sie doch heiße Packungen mit ...», für einen Augenblick konnte der erschöpfte Doktor das Wort nicht finden – «mit Leinsamen.»
>
> Ich fühlte mich tief beschämt, wie wir Rudolf Steiner bis zur äußersten Grenze ausgenutzt hatten.[195]

Von seiner eigenen Erschöpfung erwähnte Rudolf Steiner in seiner späteren Darstellung dieses geselligen Abends kein Wort – sondern beschrieb lobend den Appetit der Anthroposophen: «... aber das Schönste war, daß die Anthroposophen einen großen Appetit hatten, dreihundertsiebzig an der Zahl ...»[196] Über das späte Ende des Abends vom 16. Juni hielt der Priester und Landwirt Rudolf von Koschützki fest:

[…] Als es schon gegen elf Uhr war und […] die Autos schon vor der Tür standen, wurde Rudolf Steiner von einem jungen Manne in ein Gespräch verwickelt. Er hatte den Ellbogen auf den Tisch gelehnt und hörte, die Hand am Ohr, dem jungen Menschen aufmerksam zu. Als der aber kein Ende finden konnte, trat ich hinter den Stuhl Rudolf Steiners, zeigte dem Jüngling die Uhr und suchte ihm begreiflich zu machen, daß er aufhören möge. Er ließ sich aber nicht stören, und Rudolf Steiners Geduld war groß, vielleicht auch sein Interesse, das er jedem Menschen entgegenbrachte; und so mußten wir die Uhr weiterlaufen lassen.

Endlich aber saßen wir doch in Koberwitz an dem langen Eßtisch, und Rudolf Steiner am oberen Ende der Tafel brachte die Gesellschaft nach dem ermüdenden Tage mit heiteren Schnurren zu einem erfrischenden Lachen. Nach Mitternacht ging er auf sein Zimmer, dessen Fenster wir, in einem vorspringenden Flügel wohnend, sehen und dadurch feststellen konnten, daß er, wie immer, die Nacht durcharbeitete. Er sagte aber, diese landwirtschaftliche Tagung sei ein Fest für ihn […].[197]

Zu Rudolf Steiners Auftreten, zur sozialen Gestalt seines Aufenthalts in Koberwitz und Breslau, mithin auch zu der von ihm ermöglichten Atmosphäre der gesamten Pfingsttagung schrieb Guenther Wachsmuth:

In den Zeiten zwischen den Vorträgen und landwirtschaftlichen Besichtigungen, im persönlichen Zusammenleben, bei den abendlichen Fahrten […] nach Breslau zu den künstlerischen Veranstaltungen, bei den feierlichen, dem esoterischen Kern der Arbeit gewidmeten Zusammenkünften, bei den mannigfaltigen ernsten und heiteren Gesprächen in der geistig kultivierten Sphäre des Schlosses war die gemeinschaftsbildende Lebenskunst Rudolf Steiners in ihrer Intimität, herzlichen Offenheit für die Mitarbeiter und der tatenerzeugenden Kraft, die von diesen Stunden ausging, in reinster und edelster Form erlebbar.[198]

4. Die Mysterien der Landwirtschaft

Motive des Kurses

Die landwirtschaftlichen Vorträge scheinen mir bis jetzt zu gelingen. Ich bin mit etwas wenig Hoffnung daran gegangen. Aber nun gelingt es, gerade auch da aus der geistigen Welt Gesichtspunkte zu holen, die vielleicht aufs höchste fruchtbar für die praktische Landwirtschaft sein werden. Soviel ich sehen kann gehen die Dinge den Landwirten sogar ein, trotzdem sie den gegenwärtigen Anschauungen gegenüber etwas recht Fremdes darstellen.

Rudolf Steiner an Ita Wegman,
Koberwitz, 10. Juni 1924[199]

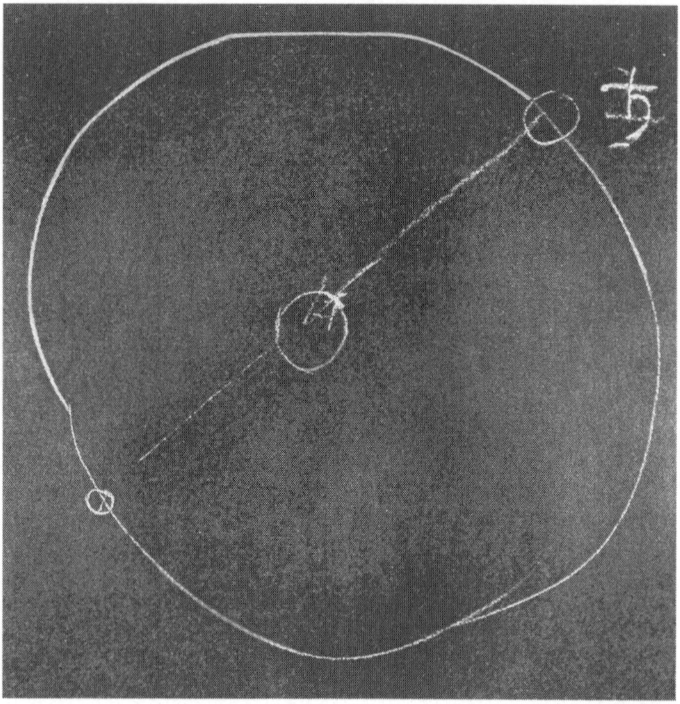

Rudolf Steiner: Wandtafelzeichnung. Koberwitz, 7. 6. 1924
(Rudolf Steiner Archiv)

Die acht Vorträge, die jeweils um 11 Uhr vormittags im Schloß Koberwitz begannen und der «Auffindung von geisteswissenschaftlichen Methoden» für die Landwirtschaft dienten,[200] waren ein eindrucksvolles, in gewisser Hinsicht sich von Tag zu Tag steigerndes Ereignis. Rudolf Steiner begann am ersten Morgen langsam, wenn auch direkt im Zentrum seiner Grundlagenlehre und sprach über die Bedingungen des Pflanzenwachstums zwischen irdischen und kosmischen Kräften, über die Bedeutung der Substanzen – als Ermöglichungswege kosmischer Kräftewirksamkeiten – und über die beteiligten planetarischen Kräfte. Immer wieder hob er auch in den Folgevorträgen hervor, daß es die Aufgabe der Anthroposophie sei, «auf die größeren Zusammenhänge des Lebens zu sehen»,[201] einen Einblick in die großen Wirkungen des Lebendigen zu nehmen und zu vermitteln. Mit dem Verschwinden der «instinktiven Agrikulturweisheit» – als Ergebnis und Traditionsgut alten (Mysterien-)Wissens – und dem Aufkommen des neuzeitlichen Materie- und Kausalverständnisses waren die subtilen, verschränkten und verborgenen Wege der Naturwirksamkeit immer weiter aus dem Bewußtsein und Handlungshorizont der Landwirtschaft gedrängt worden. Die Bedeutung der Anthroposophie, so Steiner, lag und liegt nicht in der Angabe einzelner neuer Substanzen, Methoden und Verfahren, sondern in einer fundamentalen Neubegründung eines realen Naturwissens und -könnens – unter zentralem Einbezug der kosmischen Kräfte, die das Leben auf Erde ermöglichen und bestimmen:

> Die Beobachtung des Makrokosmischen, der weiten Kreise des Naturwirkens, das ist die Aufgabe der Geisteswissenschaft.[202]

Eine wirklich geisteswissenschaftliche Betrachtung landwirtschaftlicher Themen- und Fragestellungen ist, so Steiner, von vornherein und in erster Linie «eine makrokosmische Betrachtung».[203] So scheinbar fern eine solche Zugangsweise dem modernen Menschen mit seiner Vorstellung «engumgrenzter Dinge» liege, so notwendig sei sie für den landwirtschaftlich Tätigen, dessen Wirkensfeld unabweisbar im irdischen-kosmischen Bezug stehe. Rudolf Steiners Koberwitzer Hörer waren Anthroposophen – und hatten seine Grundschriften gelesen, darunter auch die kosmologische Arbeit *Die Geheimwissenschaft im Umriß*, auf deren Bedeutung von Steiner in der Vorbereitungszeit des Kurses – auf Nachfrage – noch einmal hingewiesen worden war. Aber auch die anthroposophisch orientierten Landwirte waren Menschen des 20. Jahrhunderts und in ihrem Bewußtsein dem makrokosmischen Wirkensraum und seinen differenzierten Entitäten weitgehend entfremdet. Nun ging Rudolf Steiner in Koberwitz – vom Beginn seines ersten Vortrages an – daran, diesen Wirkensraum im Hinblick auf die Seins- und Lebensbedingungen der Landwirtschaft neu und in differenzierter Weise zu erschließen – und sagte erläuternd (wenn nicht entschuldigend):

> Und sehen Sie, es handelt sich darum, daß man ja auf diese Weise wirklich dahin kommt, ohne irgendwie im Geringsten abergläubisch zu sein, mit den Sternenwirkungen zu rechnen. Es ist nur eben so, daß vieles sich später in bloßen Aberglauben verwandelt, was ursprünglich ein Wissen war. Natürlich kann man nicht den Aberglauben aufwärmen. Man muß wiederum von einem Wissen ausgehen; aber dieses Wissen, das muß nun durchaus erworben werden auf eine geistige Art, und nicht bloß auf eine physisch-sinnliche Art.[204]

Genau darum war Rudolf Steiner von Immanuel Voegele fünf Monate zuvor gebeten worden; Voegele hatte Steiner damals – andeutend – von dem Erfahrungsfeld der verschiedenen irdisch-kosmischen Kräfte berichtet, das dem tätigen Landwirt noch immer gegeben, aber von keinem Wissen durchdrungen sei, das doch dringend benötigt würde: «Dem Landwirt, der das Vorhandensein eines bestimmten notwendigen Verhältnisses zwischen Mensch u. den Naturreichen, der das Zusammen- u. Durcheinanderwirken der Kräfte der Erde, der Sonne, der Sterne, der Elementar- u. aller übrigen Naturgeister ahnt, u. aus diesem Zusammen- und Durcheinanderwirken Mineral-, Pflanzen-, Tierreich u. den Menschen entstehen sieht, stürmen bei jeder beruflichen Tätigkeit eine Summe Fragen entgegen, auf die ihm sein heutiges Wissen keine Antwort gibt, die ihn als ungelöste Fragen quälen. *Er spürt die Tatsache dieses Kräftewirkens, aber weiß nichts von der Art u. Weise u. nichts vom Wesen derselben.*» Vom «Wesen» dieses «Kräftewirkens» und von seiner «Art und Weise» sprach Rudolf Steiner vom ersten Koberwitzer Vortrag an – in seinen Schilderung der obersonnigen und untersonnigen Planeten, ihrer Wirkungen auf Kiesel und Kalk, der «zwei Strömungen im Werden der Pflanze», der kosmischen Ermöglichung von Nahrungssubstanz und Generation ... Am Ende seines eröffnenden Vortrags vom Pfingstsamstagmorgen beschrieb Rudolf Steiner den Landwirten die Wirksamkeit der obersonnigen Planeten auf die Borken- und Rindenbildung der Bäume, zeichnete erstmals an die Wandtafel und sagte über die Relevanz der entsprechenden Naturzusammenhänge, ihre Zeitordnungen und deren notwendige Berücksichtigung, bis zur Gesundheit des Menschen:

> Es ist [...] schon von Bedeutung, wenn einer einen Eichbaum pflanzen will und er sich gut versteht auf Marsperioden. Denn ein Eichbaum, richtig angepflanzt in der entsprechenden Marsperiode, wird ja anders gedeihen, als wenn man ihn gedankenlos, einfach wenn es einem paßt, in die Erde hineinver-

setzt. Oder haben Sie Anlagen von Nadelholzwäldern, wo die Saturnkräfte eine so große Rolle spielen, wird ganz anderes entstehen, wenn man in einer sogenannten Aufgangsperiode des Saturn oder in einer anderen Periode den Nadelwald anpflanzt. Und derjenige, der solche Dinge durchschaut, der kann ganz genau sagen, in den Dingen, die wachsen wollen oder nicht wachsen wollen, ob man das mit dem Verständnis des Kräftezusammenhanges gemacht hat oder nicht. Denn dasjenige, was nicht so offen fürs Auge zutage tritt, das tritt in den intimeren Verhältnissen des Lebens doch recht zutage.

Nehmen wir zum Beispiel an, wir verwenden Holz von Bäumen, die unverständig in Bezug auf die Weltperioden auf die Erde gepflanzt sind, zum Brennen, so gibt uns das keine so gesunde Wärme, als wenn wir Hölzer verwenden, die mit Verständnis gepflanzt sind. Gerade in den intimeren Verhältnissen des täglichen Lebens, in das diese Dinge so hineinspielen, gerade da zeigt sich die ungeheuer große Bedeutung einer solchen Sache, aber das Leben ist heute für die Leute schon fast ganz gedankenlos geworden. Man ist froh, wenn man an solche Dinge nicht zu denken braucht.[205]

*

Rudolf Steiner wollte in Koberwitz keinen «Aberglauben aufwärmen» – und war auch nicht bestrebt, «Richtlinien für eine Neubearbeitung» des alten Bauernkalenders und «praktische Übungen zum Gebrauch desselben» anzugeben, worum er im Vorfeld gebeten worden war. Es ging ihm vielmehr in durchaus radikaler Weise um den Erwerb eines neuen, grundlegenden *Wissens*, um das «Durchschauen der Dinge» – der Koberwitzer Kurs war in diesem Sinne ein originärer Erkenntnis-Kurs («man muß wiederum von einem Wissen ausgehen»). Die Kursinhalte waren aufgrund geisteswissenschaftlicher Erkenntnisarbeit erwachsen – und sie sollten den Landwirten helfen, selbständig erkenntnis- und handlungsfähig zu werden. Der «instinkthaft sichere Mensch» der alten Landwirtschaftskultur gehörte der Vergangenheit an, die unwiderruflich abgeschlossen war – «praktische Übungen zum Gebrauch des alten Bauernkalenders» waren in dieser Situation nur noch bedingt hilfreich:

> Es handelt sich, wenn hier vom anthroposophischen Gesichtspunkte aus gesprochen wird, wirklich darum, nicht zurückzugehen zu den alten Instinkten, sondern aus einer tieferen geistigen Einsicht heraus das zu finden, was die unsicher gewordenen Instinkte immer weniger geben können. Dazu ist notwendig, daß wir uns einlassen auf eine starke Erweiterung der Betrachtung des Lebens der Pflanzen, der Tiere, aber auch des Lebens der Erde selbst, auf eine starke Erweiterung nach der kosmischen Seite hin.[206]

Die «tiefere geistige Einsicht» war das zentrale Lebenselement von Rudolf Steiners Koberwitzer Ausführungen und seines gesamtes Werkes, als Geisteswissenschaftler und spiritueller Lehrer. In Koberwitz betraf diese Einsicht insbesondere das Feld des Naturwirkens, die Voraussetzungen, Bedingungen und Entfaltungsmöglichkeiten des pflanzlichen und tierischen Lebens – «dazu ist es natürlich notwendig, daß man hineinschaut in diese Naturwirkungen.»[207]

«Einsichten entwickeln», in die Kräfte, Prozesse und Zusammenhänge «hineinschauen», ja sie zu «durchschauen», war Rudolf Steiners zentrales Anliegen für die Grundlegung einer neuen Landwirtschaft. Noch immer gab es im Bereich der Landwirtschaft viele sinnvolle Praktiken, die sich empirisch herausgebildet und als erfolgreich erwiesen hatten – in allen Bereichen landwirtschaftlichen Arbeitens. Aber auch die gewohnten und erprobten Vorgehensweisen sollten tiefer verstanden werden, im Sinne einer individuellen Durchdringung und Begründung der gelebten

Praxis – im Hinblick auf die beteiligten Kräfte und Qualitäten. Innerhalb einer längeren Ausführung zur Tierfütterung sagte Rudolf Steiner in Koberwitz:

> Manches, sogar sehr vieles, ist richtig von demjenigen, was allmählich durch Probieren [in der Tierfütterung] herausgefunden worden ist, aber es ist unsystematisch und unexakt. Gerade diese Art von Exaktheit, die man heute anwendet, ist in Wirklichkeit unexakt, weil die Dinge durcheinandergepuddelt werden *und man sie nicht durchschaut* […].[208]

Rudolf Steiner hatte in seinen acht Koberwitzer Vorträgen keine Gelegenheit, einen umfassenden Schulungskurs für den Erwerb eines neues Natursinns und einer neuen Naturerkenntnis für die landwirtschaftlich Tätigen zu entwickeln. Er wußte, daß die Landwirte auf praktische Hinweise und Hilfestellungen im Umgang mit aktuellen Problemen auf den Äckern und in den Ställen hofften – und er war bereit, diese Hilfen im Rahmen seiner Möglichkeiten zu geben. Auch war ihm bewußt, daß sich der Schulungsweg der Landwirte an ihrer praktischen Arbeit vollziehen würde – sofern es gelänge, diese Arbeit mit neuen Perspektiven, neuen An- und Einsichten zu erfüllen, und sie dadurch schrittweise zu vertiefen. Steiner selbst sprach im Kurs aus unmittelbarer Anschauung heraus, aus geistiger Einsicht; im Rahmen einer subtilen Beschreibung der irdischen und kosmischen Kräftewirksamkeiten in der Pflanze – die er auch an die Wandtafel malte – sagte er im zweiten Vortrag schlicht: *«Das kann man unmittelbar sehen.»*[209] Dabei meinte Rudolf Steiner jedoch nicht im engeren Sinne «okkulte», nur dem Initiierten zugängliche «Schauungen», sondern vielmehr die gegebene Möglichkeit des Menschen, sein konkretes Anschauungsvermögen, seinen Formen- und Gestaltsinn, seine Organe der Wahrnehmung ausbilden und übend vertiefen zu können – in sinnlich-übersinnlicher Weise. Ohne Zweifel setzte Rudolf Steiner darauf, daß die Landwirte diesen Weg selber beschreiten und weitergehen würden. Nach einer Schilderung der kosmischen Kräftwirksamkeiten im tierischen Organismus sagte er:

> In dieser Beziehung sollten eigentlich diejenigen, die interessiert sind an diesen Dingen, in Zukunft nun wirklich die Erkenntnisse nach dem Anschauen der Form hin ausbilden.
>
> Denn diese Ausbildung der Erkenntnisse nach der Form, nach dem Anschauen der Form, ist von einer ungeheuren Bedeutung.[210]

Wie alle seine fachlichen Lehrkurse – vor Ärzten und Pädagogen, Naturwissenschaftlern und Priestern – waren auch Rudolf Steiners Ausführungen vor den Landwirten darauf angelegt, eigene Erkenntnismöglichkeiten in seinen Hörern vorzubereiten, methodisch zu veranlagen. Der Einblick in das «feine Leben der Natur» sollte und konnte nicht das Privileg des Geistesforschers sein, sondern den in der Landwirtschaft tätigen Menschen in Zukunft wieder zu eigen werden; «wie man hineinschauen kann in das Werden und Leben dessen, was in und über dem Erdboden vorgeht»,[211] war die grundlegende Existenz- und Zukunftsfrage der künftigen Landwirtschaft. In einer wundervollen Schilderung der Kräftekonstitution des Baumes und seiner nahen Umgebung, seiner verdichteten Astralität und (relativen) ätherischen Armut, sagte Rudolf Steiner im siebten Vortrag:

> Auf diesem Gebiete ist es eigentlich am leichtesten, ich möchte sagen, zu einer höheren Entwicklung zu kommen. Wenn man auf diesen Gebieten sich bestrebt, so kann man sehr leicht auf diesen Gebieten esoterisch werden. Man kann nicht geradezu hellsichtig werden, aber man kann sehr leicht hellriechend werden, wenn man sich aneignet nämlich einen gewissen Geruchsinn für die verschiedenen Aromen, die ausgehen von Pflanzen, die auf der Erde sind, und die ausgehen von Obst-

> pflanzungen, auch wenn diese erst blühen, vom Walde gar. Dann wird man den Unterschied empfinden können zwischen einer astralärmeren Pflanzenatmosphäre, wie man sie bei den Krautpflanzen, die auf der Erde wachsen, riechen kann, und zwischen einer astralreichen Pflanzenwelt, wie man sie haben kann in der Nase, wenn man schnüffelt dasjenige, was in einer so schönen Weise von den Kronen der Bäume her gerochen werden kann. Und gewöhnen Sie sich auf diese Weise an, den Geruch zu spezifizieren, zu unterscheiden, zu individualisieren zwischen Erdpflanzengeruch und Baumgeruch, so haben Sie im ersteren Fall Hellriechigkeit für dünnere Astralität, im zweiten Fall Hellriechigkeit für dichtere Astralität. – Sie sehen, der Landwirt kann leicht hellriechig werden. Er hat die Sache in den letzten Zeiten nicht so benützt, wie es in der alten instinktiven Hellseherzeit war. Der Landmann kann hellriechend werden, wie ich sagte.[212]

Diese «höhere Erfahrung in der Erfahrung» (Goethe), die er aufgrund seiner naturkundlichen Schilderungen eröffnete und vorbereitete, und der nachfolgende Erwerb eines neuen Wissens der Bauern verstand Rudolf Steiner nicht als einen intellektuellen Prozeß; anzustreben war vielmehr, die Dinge «so [zu] durchschauen, damit man zu einem *empfindenden Erkennen* kommt».[213] Entgegen vielen enthumanisierten, maschinellen oder formalisierten Vorgängen in der industriellen Landwirtschaft ging es Rudolf Steiner darum, daß die Landwirte wieder ein *«persönliches Verhältnis»*[214] zu den Substanzen, Kräften und Wesen aufbauen konnten, einen eigenen, individuell vertrauten und kenntnisreichen Umgang mit den Dingen, der selbst schulenden Charakter hat. An einer Stelle seiner Koberwitzer Darstellungen – im Zusammenhang mit Kompostierungsfragen – sagte er:

> Denn was man da im einzelnen tun muß, das hängt doch vielfach von dem Gefühl natürlich ab. Aber dieses Gefühl ent-

> wickelt sich, wenn man in die ganze Natur [des] Prozesses richtig hineinsieht.[215]

Das traditionelle «Gefühl», der alte «Instinkt» der Bauern war zu Beginn des 20. Jahrhunderts kaum mehr vorhanden. Die neue, durch die Anthroposophie geleistete Grundlegung der Naturerkenntnis und Landwirtschaft aber sollte auch zu neuen Empfindungsfähigkeiten führen, zu einem «persönlichen Verhältnis» als Voraussetzung individueller Urteils- und Entscheidungsprozesse. Die Themen, die Rudolf Steiner in Koberwitz im einzelnen anschlug und entfaltete, waren sorgsam durchdacht und von prinzipieller Bedeutung; immer aber wollte er an ihnen in exemplarischer Weise aufzeigen, wie der methodische Weg einer neuen Landwirtschaft auszuschreiten sein würde. Auf die meisten der Fragen, die ihm im Vorfeld von der Breslauer Gruppe zugesandt worden waren, gab Rudolf Steiner in Schloß Koberwitz keine explizite Antwort – und diese Fragen, obwohl sinnvoll, wurden ihm in den Diskussionsrunden auch nicht erneut gestellt. Vieles spricht dafür, daß Rudolf Steiner auf deren potentielle Beantwortbarkeit durch die Bauern selbst setzte – sofern sie in der Lage und willens waren, auf der Basis des Kurses in ihrer eigenen Arbeit fortzufahren, erkundend und handelnd. Der Kurs war ein Stück Hilfe zur Selbsterziehung, wenn auch auf denkbar hohem Niveau.

*

Das von Rudolf Steiner betonte «Einlassen» auf eine «Erweiterung der Betrachtung des Lebens der Pflanzen, der Tiere, aber auch des Lebens der Erde selbst, auf eine starke Erweiterung nach der kosmischen Seite hin», bestimmte den inhaltlichen Duktus seiner Koberwitzer Darstellungen. Der Weg, den Rudolf Steiner einschlug, um «die Bedingungen des Gedeihens der verschiedenen Gebiete der Landwirtschaft»[216] zu entwickeln, führte seine Zuhörer von Betrachtungen zur lebendigen Erde, zu Pflanze und Tier – in ihrer Substanzkonstitution und Kräftekonfiguration –, zum Wesen eines landwirtschaftlichen Anwesens, seiner «Individualität» und seinem subtilen Innenraum, mit all seinen gegenseitigen Bezügen und «naturintimen Wechselwirkungen», die zwischen dem Boden, der Pflanzenwelt und den Tieren in konkreter Weise bestehen – worüber Steiner im vorletzten Kursvortrag in eindrucksvoller Weise sprach. Seine gesamten Schilderungen führten seine Zuhörer dabei zu den Voraussetzungen und Möglichkeiten der menschlichen Intervention, der *tätigen* Landwirtschaft, in Förderung und Gestaltung – durch die aktive Düngung des Bodens und der Pflanzen, durch die Möglichkeiten des vorbeugenden und heilenden Eingriffs im Hinblick auf Krankheiten, durch «Regulierung» der Naturelemente, schließlich auch durch eine tiergerechte Fütterung:

> [...] Die *Prinzipien*, die dann [in Koberwitz] angegeben wurden, um zu zeigen, unter welchen Bedingungen sich Pflanzen entwickeln in der verschiedensten Art, die Tiere entwickeln, die Prinzipien, nach denen gedüngt werden muß, nach denen das Unkraut entfernt werden muß, nach denen die Schädlinge der Landwirtschaft, die Parasiten vertilgt werden können, nach denen die Pflanzenkrankheiten bekämpft werden können, all das sind ja heute auf dem Gebiete der Landwirtschaft außerordentlich eklatante Fragen.
>
> Nachdem diese Prinzipien besprochen worden sind, wurde dann übergegangen zu dem, was nun zunächst zu tun ist, um es dahin zu bringen, daß eine Dünger-*Reform* kommt, eine Reform in der Bekämpfung des Unkrautes und der tierischen Pflanzenschädlinge, der Parasiten, und in der Bekämpfung der Pflanzenkrankheiten.[217]

Rudolf Steiner sagte in Dornach, er sei in Koberwitz den Weg von der Darstellung der «Prinzipien» zu den Möglichkeiten der «Reform» gegangen, von den geistigen Ursprüngen der Dinge zur Änderung ihrer jetzigen, überwiegend verzerrten Seinsgestalt.

Rudolf Steiners Schilderung des lebendigen Bodens und des Pflanzenwesens, der Substanzen in ihrer wahren Seins- und Wirkensgestalt («unsere Chemie spricht nur von den Leichnamen der Stoffe. Sie spricht nicht von den wirklichen Stoffen. Die muß man als empfindende, lebendige kennenlernen.»[218]), seine Beschreibung der kosmisch-planetarischen Kräfte und Wirksamkeiten, der jahreszeitlichen Situationen und Konstellationen (bis in die Tiefenschichten der Erde), waren brillant und streckenweise atemberaubend – nirgendwo aber waren sie Selbstzweck. Alle von Rudolf Steiner skizzierten Aspekte sollten vielmehr dazu beitragen, die Naturgrundlagen adäquaten menschlichen *Handelns* genauer aufzuhellen. Immanuel Voegele hatte Rudolf Steiner am 24. Januar von seiner Auffassung geschrieben, «daß es des Landwirts Aufgabe ist, durch seine Tätigkeit, den geheimen Naturkräften die in Mineral- Pflanzen- u. Tierreich wirken, Bedingungen zu schaffen, durch welche es diesen Kräften möglich ist, sich in einer Art auszuwirken, wie es ohne sein Zutun nicht möglich wäre». Tatsächlich, so Rudolf Steiner in Koberwitz, habe der Bauer die Aufgabe, dafür Sorge zu tragen, «daß der eigentliche Naturprozeß sich ganz richtig vollziehen kann»[219] – und zwar in *der* Richtung, die von den Erfordernissen der Landwirtschaft bestimmt wird. Er schilderte ausführlich die Lebens- und Wachstumsbedingungen der Pflanze im irdisch-kosmischen Zusammenhang – *damit* es dem Menschen, so Steiner, möglich werde, sich in diese, von ihm neu verstandenen Kräfte «hineinzustellen», ja das Wachstum – zumindest bis zu einem gewissen Ausmaß – zu «dirigieren», in die Hand zu bekommen. «Nicht auf eine andere Art läßt sich eine Einsicht darüber gewinnen, wie man das Pflanzenwachstum beeinflussen will, als dadurch, daß man eben Rücksicht nimmt auf [die] verschiedenen Kräfte.»[220] Diesen wissenden und kundigen Umgang mit den Wirkkräften nannte Rudolf Steiner «*Wissenschaft*»:

> […] Das ist eigentlich erst wirkliche Wissenschaft. Denn ausprobieren die Dinge, so wie man es heute macht, ist ja keine Wissenschaft, ist ja nur eine Notierung von einzelnen Dingen, von einzelnen Fakten, ist keine Wissenschaft. Wirkliche Wissenschaft entsteht erst dann, wenn man die Wirkungskräfte in die Hand bekommt.[221]

Die weitaus meisten der praktischen Angaben Rudolf Steiners in Koberwitz standen und verstanden sich in dieser Dimension menschlichen Handelns – im Umgang mit kosmischen und irdischen Wirkkräften. Steiners Begründung der einzelnen Dünger-Präparate zur Verlebendigung des Bodens, aber auch das von ihm aufgezeigte Vorgehen bei Pflanzenkrankheiten und Schädlingen verschiedenster Art sowie viele weitere praktisch-landwirtschaftliche Hinweise rechneten nicht nur mit den bestehenden Kraftentitäten tellurisch-kosmischen Ursprungs, sondern konstellierten die Möglichkeit ihrer Einwirkung in je spezifischer Weise – fördernd und hemmend, umlenkend und verändernd. Bereits in seinem ersten Kursvortrag schilderte Rudolf Steiner nicht nur die kosmischen Gestaltkräfte, sondern sagte zugleich: «Sehen Sie, wir müssen uns nun fragen, da von Mond, Venus, Merkur Kräfte auf die Erde herein gehen und diese Kräfte zur Wirksamkeit kommen im Pflanzenleben: Wodurch wird das befördert oder mehr oder weniger gehemmt? Wodurch wird befördert, daß der Mond oder der Saturn auf das Pflanzenleben wirkt, und wodurch wird es gehemmt?»[222] Eine jede Landwirtschaft, so Steiner, ja selbst der gewöhnliche Gartenbau arbeite in dieser Richtung (und nicht mit materiellen Stoffeskräften), beginnend mit dem Wässern der Pflanzen – und der dadurch ermöglichten Wirksamkeit der (kosmischen) Wachstums- und Lebenskräfte. Zugleich war die Differenziertheit und das Ausmaß der von Rudolf Steiner in Koberwitz eröffneten Wege und praktischen Möglichkeiten im Umgang mit den vorhandenen Kräftekonstellationen mehr als verblüffend und zeugte von Vollmacht.

«Wirkliche Wissenschaft entsteht erst dann, wenn man die Wirkungskräfte in die Hand bekommt.»

Rudolf Steiners Schilderungen von neuen Wegen der Schädlingsbekämpfung, unter Einbezug kosmischer Kräfte und Konstellationen, irritierte dabei zumindest einen seiner Hörer nachhaltig; er fragte nach dem möglichen Mißbrauch der von Steiner empfohlenen Vorgehensweisen: «Es müßte eine Grenze gesetzt werden, daß ein Mensch nicht Zerstörung über die ganze Welt verbreiten kann.»[223] Rudolf Steiner ging in seiner Replik ausführlich auf die damit angesprochene Verantwortungsfrage ein, unter Hinweis auf aktuelle Handlungserfordernisse («in Bezug auf die Notwendigkeit hat man eigentlich heute keine Wahl, zu diskutieren darüber, ob die Dinge erlaubt sind oder nicht»[224]), aber auch auf menschheitsgeschichtliche Entwicklungen und künftige Erfordernisse im Umgang mit dem neuen Wissen und Können. «Da handelt es sich darum, daß ja tatsächlich daran gedacht werden müßte, in diesen Dingen wiederum etwas zu schaffen, was eine Art Ventil ist gegen den Mißbrauch. Nicht wahr, wenn die Dinge allgemein werden, so kann selbstverständlich Mißbrauch damit getrieben werden. Das ist ja ganz klar. Und man darf nur hinweisen darauf, daß es immerhin Zivilisationsepochen auf der Erde gegeben hat, in denen solche Dinge gewußt worden sind, angewendet worden sind im allerweitesten Umfange und daß es möglich war, die Dinge so weit innerhalb der ernsten Menschheit zu halten, daß Mißbrauch nicht getrieben worden ist. Es ist ja größerer Mißbrauch getrieben worden mit solchen Dingen in der Zeit, in der die Dinge so lagen, daß man noch viel stärker Mißbrauch treiben konnte, weil diese Kräfte allgemein wirksam waren. Das war in gewissen Spätperioden der atlantischen Entwicklung der Fall, wo größerer Mißbrauch getrieben worden ist, was zu großen Katastrophen geführt hat.»[225] Viele Wochen später, in seinem «Heilpädagogischen Kurs», blickte Steiner noch einmal auf die Verantwortungsproblematik und Fragesituation in Koberwitz zurück, und sagte:

Ich habe auf dem Landwirtschaftlichen Kursus in Breslau Richtlinien angegeben, um die Landwirtschaft in der richtigen Weise zu behandeln. Nun saß bei diesem Breslauer Kursus auch ein älterer Landwirt, der auch ein altes Mitglied der Gesellschaft ist. Er kam bei dem ganzen Kursus nicht hinaus über eine gewisse Empfindung, und immer in der Diskussion trat diese Empfindung wieder hervor. Er sagte fortwährend: Ja, wenn man aber das tut, da benützt man ja okkulte Mittel, um praktische Dinge auszuführen. Berührt das nicht die menschliche Moralität in einem zu intensiven Sinne? Kann das nicht auch in unmoralischem Sinne ausgenutzt werden? – Er kam gar nicht hinaus über diesen Skrupel, er witterte in Anwendung solcher Dinge schwarze Magie. Natürlich wird diese Sache schwarze Magie, wenn man sie nicht so behandelt, wie sie behandelt werden muß. Deshalb habe ich einmal ganz klar gesagt: Ja, Moralität muß bei allen diesen Dingen sein. Deshalb setze ich voraus, daß die, welche teilgenommen haben, in voller Moralität der Menschheit zu dienen, der Landwirtschaft zu helfen, an diesem Kursus teilgenommen haben. Deshalb soll man nehmen den Landwirtschaftlichen Ring auch als einen moralischen Ring, der sich zur Aufgabe setzt, daß diese Dinge richtig angewendet werden. Die Magie, die Götter wenden sie an, aber der Unterschied zwischen weißer und schwarzer Magie besteht lediglich darin, daß man in der weißen Magie eingreift in moralischer Art, in selbstloser Art, bei der schwarzen Magie auf unmoralische, auf selbstische Art. Einen andern Unterschied gibt es nicht. [...] Da kommt vor allen Dingen in Betracht die Erstarkung des Verantwortungsgefühles.[226]

*

Rudolf Steiner sprach in seinen acht landwirtschaftlichen Vorträgen lebendig und begeisternd, aus der Innenwelt, dem inneren Dasein der Naturreiche heraus – und seine Schilderungen des Baumwesens, der Vögel und der Düngungspräparate, der Kräftekonfiguration der Schafgarbe und Kamille, der Brennessel, der Eichenrinde und des Löwenzahns beeindruckten seine Zuhörer tief, in ihrer aus Liebe substantiierten Erkenntniskraft. Steiners Schilderungen waren *wesenhaft* – das Wesen des von ihm Dargestellten wurde erlebbar, gewann eine nahezu greifbare Präsenz im Raum des Vortrags, in der Sphäre seines Berichtes. Viele Jahre vor dem Koberwitzer Pfingstkurs hatte er in Hamburg einmal über die christliche Initiation und das Walten des «Heiligen Geistes» in einem hochgradig geläuterten und für das «kosmische Welten-Ich» aufnahmebereiten Seelenleib gesprochen, und dabei gesagt:

> Der, der also erleuchtet ist, der mit anderen Worten im Sinne der christlichen Esoterik den «Heiligen Geist» in sich aufgenommen hat, redet fortan [...] in einem anderen Sinne. Wie redet er? Er redet so, daß es nicht seine Meinung ist, wenn er über Saturn, Sonne, Mond redet, über die verschiedenen Glieder der menschlichen Wesenheit, über die Vorgänge der Weltentwicklung. Seine Ansichten kommen dabei ganz und gar nicht in Betracht. Wenn ein solcher über den Saturn redet, redet der Saturn aus ihm. Wenn er über die Sonne redet, redet die geistige Wesenheit der Sonne aus ihm. Er ist das Instrument; sein Ich ist untergegangen, das heißt für solche Augenblicke unpersönlich geworden, und das kosmische Welten-Ich ist es, das sich seiner als Werkzeug bedient, um durch ihn zu sprechen.[227]

Unzweifelhaft sprach Rudolf Steiner in Koberwitz aus dieser Dimension – «den Eindruck, daß ihm während des Sprechens die Eingebungen zuströmten, hatte ich während der Koberwitzer landwirtschaftlichen Vorträge täglich von neuem» (Rudolf von Koschützki[228]). Zugleich war und blieb Rudolf Steiner in direktem

Kontakt mit seinen Zuhörern, in einer Form des inneren Gespräches mit ihnen. Auch außerhalb der Diskussionsstunde nahm Rudolf Steiner die Anliegen und Fragen seiner Hörer wahr und seine Vorträge antworteten auf sie – in unmittelbar sozialer und lebendiger Weise.

Dessen ungeachtet waren die Koberwitzer Darstellungen streckenweise nicht einfach zu verstehen und überstiegen den bisherigen Erfahrungs- und Denkhorizont der Zuhörer bei weitem – vieles, so Koschützki, «klang [...] in unseren Ohren wie ein Märchen, so daß wir uns immer wieder ins Bewußtsein rufen mußten, daß bisher *alles* von Rudolf Steiner Mitgeteilte sich bewährt hatte».[229]

*

An verschiedenen Stellen des Kurses ging Rudolf Steiner näher auf die Bedeutung der inneren Haltung des Landwirtes ein. Gefragt, ob das Rühren der Präparate nicht auch maschinell ausgeführt werden könnte, sagte er:

> Es ist schon ganz zweifellos, daß das Rühren mit der Hand doch etwas anderes bedeutet als das maschinenmäßige Rühren. Das wird der Mechanist natürlich nicht zugeben. Aber bedenken Sie nur, was für ein gewaltiger Unterschied ist, ob Sie mit der Hand wirklich rühren, dabei alle die feinen Bewegungen mit hineinbekommen in das Rühren, die die Hand ausführt, alle die Dinge, die eventuell hineinkommen, eventuell auch die Empfindungen, ob das alles hineinkommt oder ob man einfach maschinenmäßig das umrührt. Natürlich glauben ja heute die Leute das nicht, daß dieser Unterschied in Betracht komme, aber man merkt das auch durchaus im Medizinischen. Glauben Sie, daß es durchaus nicht einerlei ist, ob man irgendein Heilmittel mehr manuell oder maschinenmäßig herstellt. Der

> Mensch gibt den Dingen etwas mit, wenn er sie selber bearbeitet – so etwas müssen Sie nicht belächeln.[230]

In den differenzierten Substanzschilderungen seines dritten Vortrages – nach der Thematisierung der «astralischen Geistigkeit» des Stickstoffs und seiner besonderen Bedeutung im Seinsgefüge der Natur und des Menschen – sprach Rudolf Steiner über das Urphänomen der Meditation, die er in Koberwitz erstmals als eine gesteigerte Sensibilisierung für die «Offenbarungen» des Stickstoffs kenntlich machte: «Sie wachsen allmählich herein in ein Erleben des Stickstoffes rings um Sie herum. Das ist der reale Vorgang beim Meditieren.»[231] Die Stickstoff-Substanz hatte Rudolf Steiner zuvor nicht nur als diejenige beschrieben, die das Leben in die Gestaltung hineinleitet, sondern als «Träger einer geheimnisvollen Empfindlichkeit» charakterisiert, «die über das ganze Erdenleben ausgegossen ist». «Er ist derjenige, der empfindet, ob das richtige Quantum Wasser in irgendeinem Erdgebiete ist. Er empfindet das als sympathisch, er empfindet es als antipathisch, wenn zu wenig Wasser da ist. Er empfindet es als sympathisch, wenn für irgendeinen Boden die richtigen Pflanzen da sind und so weiter. Und so gießt dieser Stickstoff über alles eine Art empfindendes Leben aus. [...] Der Stickstoff ist nicht unbewußt über das, was von den Sternen ausgeht und im Leben der Pflanzen und im Leben der Erde weiterwirkt. Er ist der empfindende Vermittler, wie auch der Stickstoff im menschlichen Nerven-Sinnes-System dasjenige ist, was die Empfindung vermittelt; er ist in Wahrheit derjenige, der Träger der Empfindung ist.»[232] Nun sagte Steiner über den geistigen Habitus des Bauern:

> [...] Man geht dazu über, die Landwirtschaft in einem ganz anderen Stil und Sinne zu betreiben, wenn man sich so empfänglich gemacht hat für die Offenbarungen des Stickstoffs, als wenn man es nicht tut. Da weiß man dann allerlei plötzlich. Es taucht auf. Da weiß man allerlei von den Geheimnissen, die

> auf den Gütern und auf den Bauernhöfen walten. [...] Ja, der gelehrte Mann sagt, der Bauer sei dumm, aber in Wirklichkeit ist das nicht wahr, einfach aus dem Grunde nicht wahr, weil der Bauer – verzeihen Sie, es ist das so – eigentlich ein Meditant ist. Was er in seinen Winternächten durchmeditiert, das ist sehr, sehr vieles. Und er eignet sich das schon an, was eine Art Erwerben geistiger Erkenntnis ist. Er kann es dann nur nicht aussprechen. Und das ist so, daß es plötzlich da ist. Man geht durch die Felder, und plötzlich ist es da. Man weiß etwas, man probiert es nachher. Ich habe das wenigstens in meiner Jugend immer wiederum erfahren, wo ich mit Bauern gelebt habe, durchaus, es ist so.
>
> Und an solche Dinge muß eigentlich angeknüpft werden. Das bloß Intellektualistische macht es nicht aus. Das führt uns nicht in solche Tiefen hinein. An solche Dinge muß angeknüpft werden. Es ist schließlich das Leben und Weben in der Natur ein so feines, daß es sich mit den grobmaschigen Verstandesbegriffen nicht erfassen läßt.[233]

Vieles spricht dafür, daß Rudolf Steiner bei dieser Schilderung weder die fortgeschrittenen Esoteriker unter seinen Zuhörern noch die Bauern der Vergangenheit vor Augen hatte. Steiner deutete vielmehr an, daß jeder Landwirt über besondere Möglichkeiten des Wissenserwerbes verfüge, im Zusammenleben mit dem Geistgehalt seiner Umgebung und den eigentlichen «Substanzen» des Daseins, mit denen er täglichen Umgang hält. Diese Möglichkeiten kann der Landwirt bewußt ergreifen und steigern – auf eine entsprechende Nachfrage sagte Rudolf Steiner, daß die wirkliche innere Arbeit im Hinblick auf das Pflanzenwachstum sehr wohl von Bedeutung sei. Auch Ernst Stegemanns Frage nach der prinzipiellen Möglichkeit einer Schädlingsbekämpfung auf rein innerem, meditativ-konzentrativem Wege beantwortete Steiner positiv, wenn auch knapp und mit spezifischen Erläuterungen oder Einschränkungen: «Es ist eine außerordentlich kitzlige Frage aufgeworfen worden bei der Besprechung im Bockschen Saale durch unseren Freund *Stegemann*, ob man die parasitären Wesen bekämpfen kann auf diesem Wege, auf dem Wege der, sagen wir, Konzentration und dergleichen. Es ist ganz ohne Frage, wenn Sie das in der richtigen Weise machen, daß man es kann. Wenn man insbesondere an dem Zeitpunkt, der von Mitte Januar bis Mitte Februar liegt, wo die Erde ihre größten Kräfte, welche namentlich am meisten in der Erde konzentriert sind, entfaltet, wenn man da sich sozusagen eine Festeszeit festsetzen würde und da eben solche Konzentrationen vornehmen würde, dann würden schon sich Wirkungen zeigen können. Wie gesagt, eine kitzlige Frage, aber eine Frage, die sich positiv so beantworten läßt. Nur muß man das dann in Einklang mit der ganzen Natur vollziehen. Man muß wissen, daß es etwas ganz anderes ist, ob man in der Mittwinterzeit oder in der Hochsommerzeit eine Konzentrationsübung macht.»[234]

Auf der anderen Seite war in Koberwitz durchgängig wahrnehmbar, daß die letztgenannten Aspekte nicht im Zentrum von Rudolf Steiners Ausführungen standen. Steiner wollte zu einer praktikablen Reform der Landwirtschaft im öffentlich relevanten Maßstab und in schwieriger Wirkenszeit beitragen. Menschen wie Ernst Stegemann waren seit Jahren auf besonderen inneren Wegen – Rudolf Steiner aber wollte diese nicht zur Voraussetzung des Ganzen erklären, sondern setzte ganz offenbar auf die schulende Bedeutung einer Landwirtschaft, die mit anderen Begriffen und Methoden arbeitet – er setzte auch im Bereich des Landbaus auf ein «neues Denken», unter Einbezug des ganzen Menschen. Dogmatische und absolute Haltungen vertrat Rudolf Steiner nicht, sondern lebte mit und in der gegenwärtigen Welt, «in Liebe zur Welt». «Wer sich an Michael hält, der pfleget im Verhältnis zur Außenwelt der Liebe, und er findet dadurch *das* Verhältnis zur Innenwelt seiner Seele, das ihn mit Christus zusammenführt.»[235] Auf die Frage, ob überhaupt Maschinen in der Landwirtschaft benutzt werden sollten oder aber eine maschinenlose Landwirtschaft anzustreben sei, antwortete er:

> Ja, natürlich, sehen Sie, das ist eine Frage, die man im Grunde genommen gar nicht einmal landwirtschaftlich beantworten kann. Es ist ja ganz zweifellos, daß man heute bei unserem gegenwärtigen sozialen Leben eine ziemlich unaktuelle Frage aufwirft, wenn man fragt, ob man Maschinen verwenden darf. Man wird ja kaum heute Landwirt sein können, ohne Maschinen zu verwenden. Es sind ja natürlich auch nicht alle Vorgänge so verwandt mit den intimsten Naturvorgängen, wie gerade dieses Rühren und dergleichen. Gerade so, wie man also hier nicht herankommen sollte mit dem rein Maschinellen an einen so intimen Naturvorgang, so sorgt in Bezug auf die anderen gemeinten Elemente die Natur schon selbst dafür, daß man für das, womit die Maschinen nichts zu tun haben, mit der Maschine auch nicht viel anfangen kann. Bei der Samenbildung kann die Maschine nicht viel machen, das besorgt die Natur selber. Ich glaube doch, daß die Frage nicht sonderlich stark aktuell ist. Aber es ist schon heute so: Wie soll man heute ohne Maschine fertig werden? Aufmerksam wird nur darauf zu machen sein, daß man wiederum nicht einen ausgesuchten Maschinenfimmel zu haben braucht bei der Landwirtschaft. Es wird sich ganz gewiß herausstellen, daß, wenn irgend jemand einen solchen Maschinenfimmel hat, er bei der Landwirtschaft viel schlechter verfahren wird, selbst wenn die neue Maschine Verbesserungen bringt, als wenn er seine alte Maschine fortverwendet, bis sie nichts mehr wert ist. Das sind aber Dinge, die nicht im strengen Sinne des Wortes mehr landwirtschaftlich sind.[236]

Zu einem Landwirt, der die Frage aufgeworfen hatte, ob die Zahl der Hornmistpräparate für eine größere Landfläche aufgrund tabellarischer Festlegungen oder doch viel mehr aus dem Gefühl heraus bestimmt werden sollte, sagte Steiner:

> Ich würde das nicht raten. In solchem Fall glaube ich, daß man doch wirklich vernünftig sein muß. Ich würde raten, daß man zunächst alles tut, um durch gefühlsmäßiges Ausprobieren die günstigsten Resultate zu erzielen, und daß man dann anfängt, um der Welt Rechnung zu tragen, die Sache in Zahlen umzusetzen, so daß man dann richtige Tabellen hat und daß die Leute dann diese Tabellen benutzen können. Ich würde raten: Wenn irgend jemand nach seiner Gesinnung dazu veranlagt ist, das gefühlsmäßig zu machen, so soll er das machen; in seinem Verhalten aber den anderen Leuten gegenüber nicht so tun, als wenn er die Tabellen nicht sehr schätzte, und es den anderen Leuten in ausrechenbaren Zahlen und Tabellen geben. Es sollte alles wirklich in durchrechenbare Zahlen und Summen verwandelt werden. Das ist dasjenige, was man heute wirklich nötig hat. Wir brauchen Kuhhörner, um die Sache durchzufuhren, aber wir brauchen keine Stierhörner, um die Sache zu vertreten. Das ist gerade dasjenige, was so leicht zu Widerständen führt. Ich möchte da raten, möglichst zu Kompromissen überzugehen und möglichst die äußeren Urteile gut zu berücksichtigen.[237]

In diesem Sinne vereinigte der Koberwitzer Kurs subtile Inhalte eines neuen Initiatenwissens mit der Fähigkeit des positiven Weltbezuges – ein Phänomen, das bereits für die alten Mysterienstätten und ihre Initiierten kennzeichnend gewesen war, später jedoch durch das Christus-Ereignis (und -Opfer) eine weitere Vertiefung erfahren hatte. Rudolf Steiner gehörte ganz offenbar zu diesem geistigem Strom – und er stand mit beiden Beinen auf der Erde, wie in allen Koberwitzer Fragenbeantwortungen deutlich wurde, mit enormem, praktischem Sachverstand und menschlicher Großzügigkeit, ja Weitherzigkeit. *«Wir brauchen Kuhhörner, um die Sache durchzuführen, aber wir brauchen keine Stierhörner, um die Sache zu vertreten.»*

*

Die Zuhörer im Schloß Koberwitz waren von Steiners landwirtschaftlichen Ausführungen nicht nur beeindruckt, sondern für die Bewältigung der vor ihnen liegenden Aufgaben inspiriert und ermutigt. In der Tat gelang es Rudolf Steiner mit seinen Vorträgen, *«aus den scheinbar abgelegensten Erkenntnissen die allerpositivsten Winke [zu geben], die einem radikal helfen»*[238] – und die in Koberwitz versammelten Landwirte waren entschlossen, den von Rudolf Steiner umrissenen Neuanfang zu wagen, auch wenn sie auf starken Widerstand ihrer übrigen Berufskollegen stoßen würden:

> Nicht wahr, all das erscheint heute wie verrückt – das weiß ich schon –, aber denken Sie doch nur einmal, was alles den Leuten bis heute in der Welt für verrückt erschienen ist, und was nach ein paar Jahren eingeführt wird. Sie hätten nur die schweizerischen Zeitungen lesen sollen, als einer davon sprach, daß man Bergbahnen bauen solle, was dem alles an den Kopf geworfen worden ist. Aber in kurzer Zeit waren die Bergbahnen da, und heute denken die Leute nicht daran, daß der ein Narr war, der sie ausdachte. Bei den Dingen handelt es sich also darum, die Vorurteile zu beseitigen.[239]

Wie von Immanuel Voegele und Erhard Bartsch in ihrem ersten Brief an Rudolf Steiner erhofft, gab der Koberwitzer Kurs «allgemeine geisteswissenschaftliche Grundlagen und spezielle Hinweise» für eine neue Landwirtschaft – und zeigte dasjenige auf, was Immanuel Voegele im Januar 1924 *«Plan und Richtung des Weges»* genannt hatte.

Am Nachmittag des 11. Juni, nach Rudolf Steiners drittem Vortrag, begründeten die Bauern den «Landwirtschaftlichen Versuchsring der Anthroposophischen Gesellschaft», mit Rudolf Steiners Zustimmung und Unterstützung. – Er habe, so Rudolf Steiner in seinem letzten Koberwitzer Vortrag, in diesem Kurs nur «einzelne Richtlinien» geben können – diese könnten aber «für lange Zeit hindurch gerade auf diesem Gebiete Grundlagen für die mannigfaltigsten Versuche sein».[240] In seinen vorausgehenden Vorträgen hatte Rudolf Steiner wiederholt davon gesprochen, daß seine Angaben in Zukunft ausprobiert und in der landwirtschaftlichen Praxis und in agrarischen Versuchen nachgeprüft werden könnten oder sollten – «ich wäre froh, wenn die Dinge eben nachgeprüft würden, weil die Nachprüfung ja sicher die Bestätigung ergeben würde».[241] Im übrigen hatte er öfter betont, daß vieles empirisch weiter ausgearbeitet werden müsse. – Dieses Grundverhältnis zwischen der geisteswissenschaftlichen Forschung und ihrer praktischen Anwendung war von Rudolf Steiner bereits in vielen medizinischen Lehrunterweisungen herausgearbeitet worden, beginnend mit dem ersten Ärztekurs in Dornach im Frühling 1920. Von Anfang an hatte Rudolf Steiner in der medizinischen Arbeit deutlich gemacht, daß die geisteswissenschaftliche Forschung und Unterweisung in der Klinik praktisch umgesetzt werden müsse – und sich erst dort viele Einzelheiten klären ließen, im Hinblick auf die weitere Pharmazeutik der Heilmittel oder die Frequenz und Dosis ihrer Gabe. Auch in Koberwitz ging es ihm bei seinen entsprechenden Aufforderungen an die Landwirte nicht um einen – sekundären – naturwissenschaftlichen «Beweis» seiner geisteswissenschaftlichen Einsichten, sondern um deren reale Umsetzung in die Praxis:

> Und da heute schon einmal das Urteil – ich will es nicht Vorurteil nennen – besteht, alles muß nachträglich verifiziert werden, nun gut, dann versuche man es, diese Dinge zu verifizieren. Man wird schon sehen, wenn man die Experimente richtig

> macht, sie werden sich schon bewahrheiten. Nur, würde ich selber eine Wirtschaft haben, so würde ich nicht warten auf das Bewahrheiten, sondern ich würde die Sache gleich anfangen. Denn ich bin ganz sicher, daß die Sache geht. Denn für mich liegt die Sache so: Geisteswissenschaftliche Wahrheiten sind durch sich selbst wahr. Man braucht nicht ihre Bewahrheitung durch andere Umstände, durch äußerliche Methoden. Diese Fehler haben alle unsere Wissenschafter gemacht, daß sie hinschauten auf äußere Methoden, durch äußere Methoden diese Wahrheiten verifizieren wollten. Sie haben das auch gemacht innerhalb der Anthroposophischen Gesellschaft: Da hätten die Leute aber wissen sollen, daß die Dinge durch sich wahr sein können. Aber um heute etwas zu erreichen, muß man nach außen schon dieses verifizieren, einen Kompromiß vornehmen, da ist der Kompromiß notwendig. Im Prinzip ist es nicht notwendig. Denn wie weiß man denn die Dinge innerlich? Man weiß sie so, daß sie eben innerlich durch ihre Qualität feststehen [...].[242]

Der «Landwirtschaftliche Versuchsring der Anthroposophischen Gesellschaft» sollte in diesem Sinne nicht lediglich die Aufgabe haben, durch «Verifikationen» den Anforderungen der Gegenwart zu entsprechen, sondern in erster Linie die spezifische Ausarbeitung auf den Gutshöfen mit konkreten Fragestellungen vorantreiben, in engem Kontakt mit der Dornacher Hochschule. Rudolf Steiners Hochschul- und Sektionskonzeption implizierte das Initiations-, Forschungs- und Lehrzentrum in Dornach (in der geistigen Zusammenarbeit Rudolf Steiners mit dem jeweiligen Sektionsleiter) sowie eine Gemeinschaft von Menschen, die die Ergebnisse der empfangenen Schulung in ihr Arbeits- und Lebensfeld zu tragen bereit waren, in bleibender Verbundenheit, ja in fortgeführtem Dialog mit der Sektion. Zu der Gruppe der «Jungmediziner» hatte Rudolf Steiner im Januar 1924 am Ende des ersten Kurses gesagt: «In diesem Sinne, meine lieben

Freunde, wollen wir vereinigt bleiben, wollen wir so vereinigt bleiben, daß Ihr in Dornach hier im Goetheanum Euren Mittelpunkt behaltet und an diesem Mittelpunkt Euch wirklich haltet, so daß dieser Mittelpunkt durch Euch in der Welt wirken kann.»[243]

Mit der Gruppe der «Jungmediziner» verabredeten Rudolf Steiner und Ita Wegman den Aufbau einer «Rundbrief»-Korrespondenz, mit einzureichenden Fragen und regelmäßigen Antworten durch Steiner/Wegman.[244] Auch mit der Gruppe der Landwirte traf Rudolf Steiner noch in Koberwitz weiterführende Absprachen für die gemeinsame Arbeit in Zukunft. Als einen ersten Schritt bat er darum, daß die zum «Versuchsring» gehörenden Höfe Angaben über ihren Bestand noch Dornach senden sollten:

> Also dasjenige, was da in Betracht kommt, wäre ja das, was Sie aus Ihrer Praxis heraus noch besser wissen als wir in Dornach: die Bodenbeschaffenheit der einzelnen Güter, was an Wald oder wie viel Wald und dergleichen vorhanden ist, was auf dem Gute bewirtschaftet worden ist in den letzten Jahren, wie die Erträgnisse waren, kurz, wir müssen im Grunde alles das wissen, was ja jeder einzelne Landwirt wissen muß, wenn er in verständiger Weise, gerade in bauernverständiger Weise, sein Gut verwalten will. Das sind die ersten Angaben, die wir brauchen: die Dinge, die da sind auf dem Gute, und die Erfahrungen, die der einzelne mit diesen Dingen gemacht hat.[245]
>
> Nachdem diese Angaben in der entsprechenden Weise gemacht sind von Seiten der landwirtschaftlichen Fachleute, werden [im Goetheanum] die Prinzipien dann ausgearbeitet werden, nach denen die weiteren Versuche nun zu gestalten sind, um dasjenige, was als praktische Winke im Kurse gegeben worden oder in den Diskussionen noch angeführt worden ist, tatsäch-

lich so auszuprobieren, daß jeder dann sagen kann, wenn auch manches heute noch absonderlich erscheint: Wir haben es probiert, es geht.

Dazu soll also dieser Ring von Landwirten da sein, der im engsten Zusammenhange mit der Naturwissenschaftlichen Sektion und auch mit Frl. Dr. Vreede, weil astronomische Angaben dazu notwendig sind, arbeiten wird.

Selbstverständlich wird in der mannigfaltigsten Weise überhaupt die ganze Freie Hochschule, insbesondere die Medizinische Sektion auch dabei beteiligt sein.[246]

Von Dornach aus, von der Freien Hochschule für Geisteswissenschaft, «werden wir schon aus der Anthroposophie selber heraus die allerexaktesten Wissenschaftsmethoden und Richtlinien finden», betonte Rudolf Steiner im Hinblick auf die weitere Zusammenarbeit.[247]

Carl von Keyserlingk hatte von Anfang an großen Wert darauf gelegt, daß die Angaben des «Landwirtschaftlichen Kurses» im Kreis der Landwirte verbleiben sollten – als zu schützender und weiter auszuarbeitender geistiger Inhalt. Darauf kam Rudolf Steiner in seinem letzten Koberwitzer Vortrag unterstützend zurück, und sagte:

Aus der so anerkennenswerten Toleranz, die entwickelt worden ist, haben ja eine Anzahl von Interessenten, die nicht direkt Landwirte sind, teilnehmen können an diesem Kurse. Die werden also sich an die bekannte Oper erinnern, ein Schloß anlegen am Munde und nicht in den allgemeinen anthroposophischen Fehler verfallen, nun alle diese Dinge so weithin zu verkünden, als man nur irgend kann. Denn gerade durch das ist uns oft so vielfach geschadet worden, daß von Persönlichkeiten, die nicht eigentlich aus einem Impetus heraus eine Sache zu sagen haben, der sachlich ist, sondern die einfach nachreden, daß aus diesem Impetus heraus die Dinge weiter getragen werden.

Es ist ein großer Unterschied, ob über diese Dinge ein Landwirt redet oder einer, der ganz ferne steht der Landwirtschaft. Es macht eben einen Unterschied, man kann das auch gleich erkennen. Aber was würde herauskommen, wenn einfach durch die Nichtlandwirte alles das weiter getragen würde als ein interessantes anthroposophisches Lehrkapitel? Es würde herauskommen, was gegenüber verschiedenen Zyklen vorgekommen ist, daß einfach die Leute, auch Landwirte, das von anderen Seiten hören würden. Landwirte, nun ja, wenn sie es hören von den Landwirten, sagen sie halt, es ist ja schade, daß der so verrückt geworden ist. Aber das sagen sie vielleicht das erste und das zweite Mal. Aber wenn dann ein Landwirt etwas sieht, da ist es ihm doch nicht so ganz geheuer, das abzuweisen. Aber wenn sie es von einer Seite hören, die nicht dazu berufen ist, sondern sich nur dafür interessiert, dann natürlich, dann ist die Sache überhaupt aufgeschmissen. Dann kann die Sache nicht weiterwirken, weil sie ja diskreditiert ist. Es ist notwendig, daß diejenigen Freunde, die nur aus Interesse teilnehmen durften, die nicht im Landwirtschaftlichen Ringe sind, daß sie eben Zurückhaltung bewahren, die Sache für sich bewahren und sie nicht überall hintragen, wie man es sonst mit Anthroposophie so gerne macht. Das ist von dem Landwirtschaftlichen Ring beschlossen worden, heute von unserem sehr verehrten Herrn Grafen Keyserlingk mitgeteilt worden, und ich kann mich im vollsten Sinne des Wortes für einverstanden erklären.[248]

Als einer derjenige «Freunde, die nur aus Interesse teilnehmen durften», schrieb Wilhelm Rath zusammenfassend über die gehörten acht Darstellungen des Kurses:

Dieser wunderbare Unterricht ließ es zu einem tief beglükkenden Erlebnis werden: Hier wird eine uralte Mysterien-

Weisheit, aus der einst alle landwirtschaftliche Kultur entsprang, der Menschheit neu geschenkt, und die Landwirtschaft erinnert sich wieder des Himmels, ohne dessen Segnungen auf Erden nichts gedeihen kann.[249]

5. Das kosmische Schicksal des Menschen

Rudolf Steiners Breslauer Karma-Vorträge

Sprach Dr. Steiner vom Komposthaufen und vom Miströhren, so wurde man gleich in eine so elementar-bäuerliche Atmosphäre versetzt, daß man glauben mußte, dies sei nun sein eigentlicher Beruf, in welchem er sich beheimatet fühlte. […] Und welche Spannweite des Miterlebens bedeutete es für uns, wenn man dem gleichen Geist an den Abenden in Breslau lauschen durfte, wie er den Gang der Menschenseelen durch die Planetensphären schilderte, ihr Weiterschreiten von Erdenleben zu Erdenleben nach den Schicksalsgesetzen im Zusammenwirken mit den erhabenen Geistern der Hierarchien …

Rudolf Meyer[250]

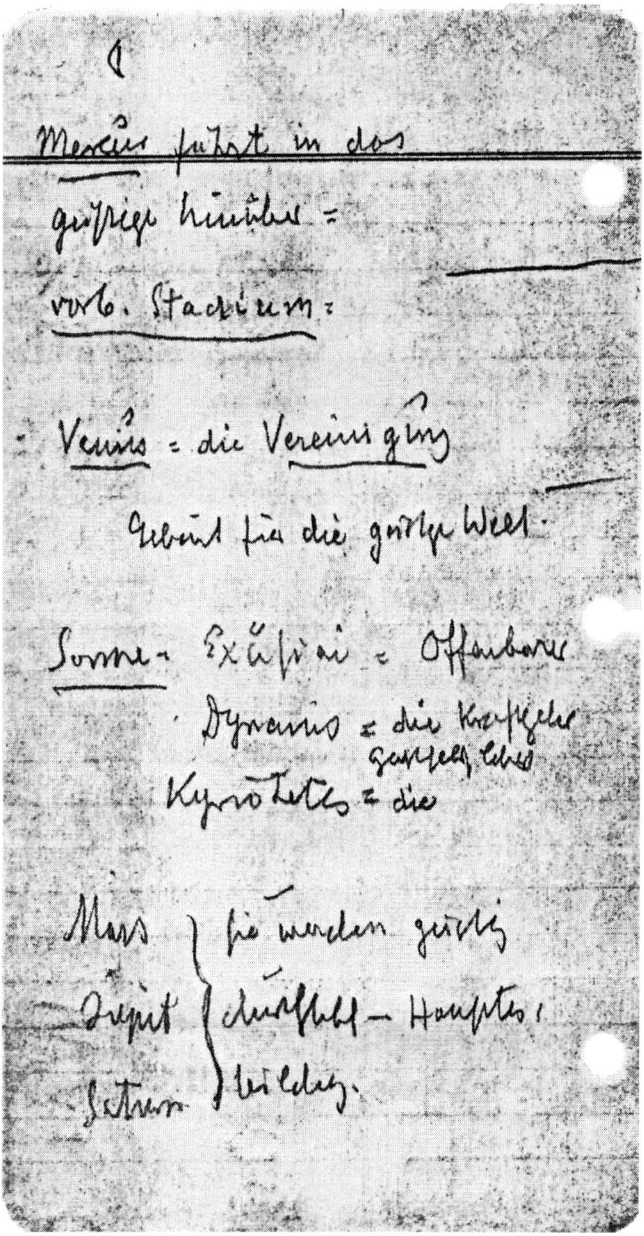

Mercur fährt in das
geistige hinüber =
vorb. Stadium:

Venus = die Vereinigung
Geburt für die geistige Welt.

Sonne = Exusiai = Offenbarer
Dynamis = die Kraftgeber
Kyriotetes = die geistig. Leben

Mars
Jupiter
Saturn
sie werden geistig
durchlebt – Hauptes-
bildung.

Rudolf Steiner: Notizbucheintragung (Ita Wegman Archiv)

Die Teilnehmer der landwirtschaftlichen Vorträge in Schloß Koberwitz, sämtliche Mitglieder der Anthroposophischen Gesellschaft in Breslau (die bereits bald nach dem Ersten Weltkrieg aufgrund des unermüdlichen Wirkens von Moritz Bartsch mehrere Hundert Menschen in ihren Reihen aufgewiesen hatte) und zahlreiche anthroposophische Freunde, die eigens dafür angereist kamen, trafen sich ab dem Pfingstsamstag allabendlich um 20 Uhr in der großen Aula der Breslauer Viktoriaschule zu den Karmavorträgen Rudolf Steiners. «Es sind von allen Seiten hier die Mitglieder zusammengekommen, so daß der Besuch ein besonders reichlicher war», schrieb Rudolf Steiner nach seiner ersten Abenddarstellung an Ita Wegman.[251] Er erwähnte in seinem Brief nach Arlesheim nicht, daß die vielen hundert Menschen ihn stehend in der Schulaula empfangen hatten – auf Initiative von Moritz Bartsch:

> Mit den Mitgliedern hatte ich besprochen, daß wir uns von den Plätzen erheben wollen, wenn der Lehrer in den Saal tritt, so wie sich meine Schüler auch erheben, wenn ich in die Klasse trete. Als ich Rudolf Steiner aus dem Nebenzimmer in den Saal hineinführte, erhob sich die ganze Versammlung von den Plätzen. Rudolf Steiner dankte mit beiden Händen. Diesem wahrhaft großen und dabei restlos bescheidenen Manne aber war diese Ehrung peinlich. Er sagte zu mir: «Sie sollen doch sitzen bleiben!»
>
> Während er aufs Podium stieg, setzte ich mich auf seinen Platz neben Frau Dr. Steiner und sagte schnell zu ihr. «Der

> Herr Doktor wünscht, daß die Mitglieder sitzen bleiben; ich finde es aber ganz in Ordnung, daß aufgestanden wird.» «Ich auch», antwortete sie schnell, und da blieb es beim Aufstehen.[252]

*

In seinen systematisch aufgebauten Schicksals-Vorträgen, die Rudolf Steiner seit dem 16. Februar 1924 hielt und die das «Karma erleidende und bildende» menschliche Ich thematisierten – im Hinblick auf eine wachsende Selbsterkenntnis des Menschen –, hatte er in der letzten Maiwoche, kurz vor seinem Aufbruch nach Osten, damit begonnen, insbesondere die kosmischen Aspekte der Schicksalsbildung in der Zeit zwischen dem Tod und einer neuen Geburt zu schildern. Auch in Breslau, im unmittelbaren Umraum seiner Landwirtschafts-Vorträge und ihrer mikrokosmisch-makrokosmischen Inhalte, sagte Rudolf Steiner bereits einleitend:

> Am allertiefsten greift ja die anthroposophische Weisheit dadurch in das Menschenleben ein, daß sie hinweist auf die umfassendsten kosmischen Geheimnisse, auf die Geheimnisse der ganzen Welt, die ja in der Wesenheit des Menschen eigentlich wiederum mikrokosmisch vereinigt sind. Aber in alledem, was uns auf diese Weise aus dem Kosmos heraus klar werden kann, lichtvoll werden kann, lebt etwas, das nicht nur ins Tägliche, sondern bis ins Stündliche des Menschenlebens hineinleuchtet, was dadurch, daß es dieses Menschenleben in Bezug auf sein Schicksal, sein Karma behandelt, hineinleuchtet in dasjenige, was dem Menschenherzen unmittelbar nahe liegt, ihm ja, wie gesagt, stündlich nahe liegt. Und so möchte ich denn, von den verschiedensten Gesichtspunkten ausgehend, in diesen Tagen zu Ihnen namentlich sprechen über die anthroposophische Begründung derjenigen Ideen, derjenigen

> Geistesbilder, die uns das Karma des Menschen nahe bringen können.[253]

Bereits in seinem ersten Breslauer-Vortrag bezeichnete Rudolf Steiner das Erfassen der «geistigen Gesetzlichkeit im Weltenall» als «*die* Aufgabe der Anthroposophie in der Gegenwart»,[254] entsprechend seinen Koberwitzer Formulierungen.

«Wie sich nach und nach das Karma bildet», ist, so Rudolf Steiner, nur dann zu verstehen, wenn der nachtodliche und vorgeburtliche Weg der Menschenseele im Kosmos einbezogen und durchdrungen wird. «Wie das Karma nach und nach in den verschiedenen Sphären veranlagt wird»,[255] wollte Rudolf Steiner in Breslau vorrangig schildern – diese «Sphären» aber stellte er in der Aula der Viktoriaschule (in Fort- und Weiterführung seiner Pariser Ausführungen) als die planetarischen Etappen des Kosmos bzw. des Sonnensystems dar, die die Seele des Menschen nachtodlich und vorgeburtlich durchläuft. In seiner Koberwitzer Darstellungen spielten die Planeten vom ersten Vortrag des «Landwirtschaftlichen Kurses» an eine wesentliche Rolle – und Rudolf Steiner zeigte dort auf, daß ein intimes Verhältnis zu den kosmischen Kräftewelten und Wesenheiten essentiell für eine Landwirtschaft der Zukunft sein würde. Bereits vor seiner Abreise nach Schlesien hatte Rudolf Steiner das «Sternen»-Motiv in seinem letzten Dornacher Schreinerei-Vortrag entschieden und eindrucksvoll angeschlagen, im Hinblick auf das Pfingstfest («Der Pfingstgedanke als Empfindungsgrundlage zum Begreifen des Karma»). Hierauf kam Rudolf Steiner am Abend des Pfingstsonntages in Breslau zurück und betonte in seinem zweiten Karma-Vortrag in der Viktoriaschule, daß erst ein «Durchmachen» der planetarischen Sphären in der nachtodlichen Lebensbewegung zu einer Erkenntnis des Stern-Wesens führe: «Und das ist ja gerade das Eigentümliche, daß wir, indem wir diese Sphären durchmachen, erkennen, was eigentlich die physischen Sterne sind.»[256] Über das wirkliche Sein der Sterne sagte Rudolf Steiner nun auch in Breslau:

> Die Götter in ihrer Liebe streicheln gewissermaßen die Welt. Es ist ein ganz ordentlicher Vergleich: sie liebkosen die Welt, sie berühren sie an gewissen Stellen; nur dauert dieses Berühren sehr lange, weil die Götter dauernd sind. Aber dieser Ausdruck der Liebe im Äther, das sind die Sterne. Das sind sie wirklich; da ist gar nichts Physisches. Und einen Stern sehen heißt kosmisch dasselbe, wie eine Berührung, die aus der Liebe der Menschen hervorgegangen ist, verspüren. So verspüren wir die Liebe der göttlich-geistigen Wesenheiten, indem wir zu den Sternen aufsehen. Wir müssen uns damit bekanntmachen, daß die Sterne nur Zeichen sind für die Anwesenheit der Götter im Weltenall. Unsere physische Wissenschaft wird viel zu lernen haben, wenn sie von ihrer Illusion zur Wahrheit vordringen will. Aber die Menschen werden überhaupt nicht zur Selbsterkenntnis kommen und das eigene Wesen nicht kennen lernen, bevor sie nicht – für das außerirdische Weltenall – diese physische Wissenschaft ganz und gar umgewandelt haben werden in eine geistige Wissenschaft. Physische Wissenschaft, das hat nur einen Sinn für die Erde, denn nur auf der Erde gibt es physische Substanz.[257]

Die wirkliche menschliche Selbsterkenntnis und damit Selbsterfahrung als «Karma erleidendes und bildendes Ich» benötigt eine neue Kosmologie, eine neue Sternenkunde – diese ist nicht nur Teil eines (gesamtzivilisatorisch notwendigen) makrokosmisch-ökologischen Wissens, sondern auch der realen Schicksalserkenntnis. Beginnend mit seinem ersten Vortrag vom 7. Juni schilderte Rudolf Steiner in Breslau in intimer Weise das nachtodliche Durchlaufen kosmisch-planetarischer Sphären durch die Menschenseele – die Begegnung und das reale «Hineinwachsen» in spezifische, hierarchisch gestufte Wesenheiten bzw. «Götter». Denn «die Sterne sind nur Zeichen für die Anwesenheit der Götter im Weltall», die dem Menschen ermöglichen, sein zuletzt gelebtes Erdenleben in seinen physischen wie moralischen Defiziten abzulegen und in Motive und Kräfte des Ausgleichs zu verwandeln:

> So dürfen wir sagen: Schauen wir hinauf zu unserem Planetensystem mit der Sonne – und wir können so hinaufschauen zu den übrigen Sternen, denn der übrige Sternenhimmel ist durchaus auch im Zusammenhang mit dem Menschen, wir werden auch darüber sprechen –, schauen wir da hinauf, so schauen wir unter manchem anderen aus dem Kosmos heraus gestaltet das menschliche Karma. – Dieser Mond, diese Venus, dieser Jupiter sind wahrhaftig nicht allein das, als was sie uns die physische Astronomie schildert. Wir haben in ihnen zu schauen, in ihren Konstellationen, in ihren gegenseitigen Verhältnissen, in ihrem Glanz und in ihrem ganzen Dasein die Aufbauer des Menschenschicksals, die Schicksalsuhr, in der wir lesen können unser Schicksal. Sie scheint so eigentlich herunter vom Himmel in den Konstellationen. Das hat man auch einstmals in der alten instinktiven Mysterienweisheit gewußt, aber diese alte Astrologie, die eine rein geisteswissenschaftliche ist, die mit den geistigen Untergründen des Daseins erkennend arbeitete, ist eben in dilettantischer und laienhafter Form auf die Nachwelt gekommen. Und erst wieder aus Anthroposophie heraus wird sich etwas ergeben, was im wirklichen Geistzusammenhang erkennen lassen wird, wie durch die große Schicksalsuhr dieses Menschenleben hier auf der Erde gesetzmäßig sich gestaltet.[258]

Menschen- und Schicksalserkenntnis sind in diesem Sinne, so Rudolf Steiner, nicht von der Kosmoserkenntnis bzw. von einer wirklichen Sternkunde zu trennen – denn der Mensch trägt in sich die Bildungskräfte der Planeten und ihre Geistigkeit, in leiblich-physischer wie moralischer Hinsicht. Jede Annäherung an ein

Menschenschicksal ist daher eine Annäherung an den Kosmos, an seine Kraftkonfiguration und Bildewelt – «lernt man ein Menschenschicksal kennen, dann lernt man dabei Geheimnisse des ganzen Sternensystems kennen. Man schaut auf die Geheimnisse des Kosmos hin, indem man ein Menschenschicksal vor sich hat.»[259] Diese Zusammenhänge, so Rudolf Steiner in Breslau, sollten nicht nur gründlich bedacht, sondern tief *erlebt* werden:

> Karma als die Schicksalsgestaltung des menschlichen Lebens ist so ungeheuer, so erhaben, so majestätisch für den, der es durchschaut, daß er einfach dadurch, daß er versteht, wie sich Karma verhält zum Weltenall, zum geistigen Kosmos, herein wächst in eine ganz andere Empfindungs- und Gefühlsweise, nicht bloß in ein theoretisches Wissen. Und alles, was man sich aneignet durch Anthroposophie, sollte eben nicht Aneignung von theoretischen Erkenntnissen bloß sein, sollte immer stufenweise wirken auf die Gestaltung unserer Denk- und Empfindungsweise, indem es uns immer tiefer mit unserem Herzen hineinführt von dem Regenwurmfühlen auf der Erde zum Fühlen innerhalb des Geisterlandes.[260]

*

Im einzelnen schilderte Rudolf Steiner in Breslau das schrittweise Nacherleben, Beurteilen und Ablegen der moralischen Schwächen des individuellen Erdenlebens in der nachtodlichen Mondensphäre, sodann die Überwindung bzw. Entfernung der Krankheitsanlagen und -folgen in der Merkursphäre, auf die er ausführlich einging. «Indem der Mensch in die Merkursphäre eintritt, wird er weiter geläutert und gereinigt. Der Mensch hat nämlich, wenn er sozusagen das für den Kosmos moralisch Unbrauchbare in der Mondensphäre abgelegt hat, noch immer an sich die geistigen Gegenbilder seiner physischen Untauglichkeiten, seiner physischen Schwächen. Er hat in sich diejenigen Krankheitsanlagen und Krankheitsergebnisse, die er hier auf Erden durchlebt hat. Nun wird es Sie überraschen, aber die Sache ist so, daß wir zuerst in dem Leben zwischen dem Tode und der neuen Geburt ablegen die moralischen Schwächen, während die physischen Schwächen später erst abgelegt werden, nämlich in der Merkursphäre. Da wird der Mensch geläutert und gereinigt in seiner Seele von all dem, was er in der Seele miterlebt hat während der Erdenzeit: die verschiedensten Krankheitsprozesse. Der Mensch wird also seelisch völlig gesund gemacht in der Merkursphäre. [...] Wenn der Mensch krank ist, so erlebt die Seele auch das Kranksein; der Geist durchlebt es auch, das Kranksein. Und wenn dann der Mensch im Tode den physischen Leib abgelegt hat, so hat er in der Seele zunächst die Wirkungen auch jener Erlebnisse, die er durch die Krankheitsprozesse durchgemacht hat. Die aber werden in der Merkursphäre völlig abgelegt unter der Einwirkung jener Wesenheiten, die wir als die Archangeloi bezeichnen.»[261] – Als Rudolf Steiner in dieser Weise am Pfingstsonntagabend über die *«Geheimnisse der Merkursphäre»* sprach, hatten seinen Koberwitzer Ausführungen zu Krankheitsprozessen und Heilwegen im Bereich der Landwirtschaft noch nicht begonnen. In Breslau sprach er ausschließlich über den Menschen, in Koberwitz dagegen über den lebendigen Boden, über Pflanzen und Tiere. Das heilende Element aber durchdrang beide Darstellungen (und viele Patientenbegegnungen Rudolf Steiners im Schloß). Über die Merkur-Mysterien und ihren Zusammenhang mit der Therapeutik sagte er am Pfingstsonntagabend in Breslau, anklingend an die Esoterische Stunde vom Vormittag:

> Diese alten Mysterienweisen haben gewußt: Aufschluß über die Gesundungsprozesse können nur die übersinnlichen Wesenheiten des Merkur geben. Daher wurden diese Merkur-Mysterien so eingerichtet, daß durch einen entsprechenden Kultus in der Tat Bewohner des Merkur herabsteigen konnten auf den Altar der Merkur-Kultstätte, und daß die Priester der

Merkur-Mysterien sich besprechen konnten mit den geistigen Wesenheiten, die so herunterstiegen durch die Verrichtungen der Kultushandlungen. Und das, was in diesen alten Zeiten Heilkunde war, das wurde durchaus in den Merkur-Mysterien in diesem Sinne entgegengenommen. Man nannte die einzelnen Wesenheiten – die nicht einmal immer dieselben zu sein brauchten, aber man empfand sie als dieselben –, die herunterstiegen auf die Altäre, eben den Gott Merkur. Man nahm die alte Mysterien-Medizin entgegen in der Art, daß man sagte: Das hat der Gott Merkur seinen Arzt-Priestern mitgeteilt. Damit heilte man.

Auch heute beruht die Geisteswissenschaft darauf, daß durch die entsprechende Vorbereitung der Initiierten die Wesenheiten unseres Kosmos auf die Erde heruntersteigen. Diejenigen, die Eingeweihte sind in die heutige Mysterienweisheit, wissen ganz gut, daß auch da das Wesentliche darauf beruht, daß man ins Zwiegespräch kommt mit den Wesenheiten des Kosmos.[262]

Dann beschrieb Rudolf Steiner im Fortgang seiner planetarischen Darstellungen, wie die Liebeskraft der Venussphäre den versehrten, «verstümmelten» Menschen – nach Ablegen seiner moralischen und physischen Schwächen – ins Sonnendasein geleitet, wo sich im Bereich der zweiten Hierarchie die Hauptarbeit am Karma des Menschen vollzieht, in der längsten nachtodlichen bzw. vorgeburtlichen Entwicklungszeit, in der physischen Veranlagung und «Durchorganisierung» des künftigen Leibes und in der Ausarbeitung der moralischen Biographie. Im späteren Durchgang durch die planetarischen Sphären von Mars, Jupiter und Saturn werden dann, so Rudolf Steiner, besondere Fähigkeitsanlagen für die Gestaltung der kommenden Lebensgeschichte erworben – im Umgang mit den hohen hierarchischen Wesenheiten dieser Bereiche.

Rudolf Steiner ging im weiteren Verlauf seiner Breslauer Abendvorträge dazu über, diese planetarisch akzentuierte Ausgestaltung menschlicher Lebenswege und Persönlichkeitsprofile an besonderen, weltgeschichtlich relevanten und bekannten Individuen zur Darstellung zu bringen, wobei die «Saturn»-Charakterisierung Friedrich Schillers vom Dienstag, dem 10. Juni, zu den Höhepunkten seiner Ausführungen zählte. Über die notwendige innere Stimmung für das Entgegennehmen solcher Schilderungen sagte er:

> Um auch auf das Karma des einzelnen Menschen, ja das Karma seiner selbst hinzuschauen, dazu ist eigentlich auch heute die richtige Stimmung, die richtige Seelenverfassung notwendig. Eigentlich wird jede karmische Betrachtung profaniert, wenn man sie empfängt in der Stimmung, die aus der heutigen Zeitbildung, Zivilisation, Zeitschule und so weiter hervorgeht. Anschauungen über das Karma in die Seele hinein nehmen sollte eigentlich auf dem Grunde heiliger Stimmung, einer durch und durch andächtige Stimmung geschehen. Man sollte eigentlich jedes Mal, wenn man an eine karmische Wahrheit herantritt, so etwas in der Seele verspuren, als ob man einen Teil des Schleiers der Isis lüftete.[263]

Rudolf Steiner sprach von der Notwendigkeit, sich eine «heilige Stimmung» für eine entsprechende Schicksalsbetrachtung zu erwerben – und wies immer wieder darauf hin, daß die Betrachtung geschichtlicher Persönlichkeiten lediglich ein methodischer Zwischenschritt auf dem Wege einer künftigen Selbst-Erkenntnis darstelle, die das eigentliche Ziel der inneren Schulung sei.

Rudolf Steiner eröffnete in seinen neun Breslauer Abendvorträgen noch viele weitergehende Gesichtspunkte zum Schicksal und zur Schicksalserkenntnis des Menschen. Er sprach umfänglich über seine eigene Forschungsmethode, über die Wiederkehr von schicksalhaft miteinander verbundenen Menschengruppen in der geschichtlichen Entwicklung, über die Vergegenwärtigung der individuellen Vorinkarnationen im nächtlichen Schlaf – und über den morgendlichen Aufwachprozeß vor dem Hintergrund des «Karma erleidenden und bildenden Ich». In diesem Zusammenhang sagte er, erneut anklingend an Koberwitz und die alte «Bauernkultur»:

> Die einfachen Menschen, die in bäuerlichen Verhältnissen auf dem Lande früher gelebt haben – jetzt wird das immer seltener –, die wußten von solchen Dingen, und deshalb wollten sie nicht gleich aus dem Schlafe herausgerissen werden, weil, wenn man gleich aus dem Schlafe herausgerissen wird und in das wache Tagesleben ohne einen Übergang hineinkommt, man aus solchen intimen Erlebnissen herausgerissen wird. Deshalb sagt der Bauer, man solle niemals, wenn man aufwacht, gleich ins Fenster schauen, sondern lieber vom Fenster wegschauen, damit man noch das Finstere hat, damit man noch beobachten kann, was da aus dem Schlafe heraufkommt. Der Bauer will nicht gleich ins Fenster schauen, und der Bauer liebt es auch nicht, durch irgend etwas im Moment Schokkierendes zu erwachen; er liebt es, so etwa mit dem Gang der Natur zu erwachen, mit der Kirchenglocke, die jeden Tag um dieselbe Zeit ihn aufweckt, so daß er sich schon während des ganzen Schlafes vorbereiten kann darauf. Dann dämmert ihm, die Kirchenglocke tönt langsam ins Leben hinein, und dann hat er am Morgen seine Ahnungen vom Schicksal; von den Schicksalsereignissen, nicht von den freien Willensereignissen. Das hat er gern, und er wird es hassen, auch wenn der Kulturmensch es so liebt, sich vom Wecker aufwecken zu lassen, denn der treibt einen gründlich, mit Todsicherheit aus allem Geistigen heraus, viel stärker natürlich als das Fenster, das man gerade beim Aufwachen beguckt. Aber unsere moderne Kulturentwicklung hat es ja eben durchaus in den Lebensverhältnissen mit dem Materialismus gehalten und hält es weiter. Es gibt vieles im modernen Leben, was durch-

> aus den Menschen es unmöglich macht, das Geistige, das in der Welt webt und lebt, eigentlich zu beobachten. Je mehr der Mensch jenes Unbestimmte, man möchte sagen halb Mystische, das vom Schlaf aus in sein Leben hineinstrahlen kann, beobachtet, desto mehr kommt er zum Aufmerken auf sein Karma.[264]

Rudolf Steiners Abendvorträge von Breslau mündeten in den Kräftebereich des – von der ersten Hierarchie durchdrungenen – Stoffwechsel-Gliedmaßensystems, in die Willens-Zukunftsseite der menschlichen Existenz, aus der heraus das künftige Karma geboren wird.

*

Die neun Breslauer Karma-Vorträge wurden den Menschen, die sie hörten, unvergeßlich. Sie appellierten nicht explizit an den einzelnen, seine individuelle Biographie, Lebensaufgabe und Zukunftskraft, seine Gemeinschaftsfähigkeit und -zugehörigkeit. Sie ließen die Zuhörer frei – und Rudolf Steiner erbat nur, daß die von ihm geschilderten Zusammenhänge innerlich und in Intimität bewegt würden, mit «Gemüt, Gefühl und Liebe».

> Solche Dinge muß man ansehen nicht nur mit dem trockenen Verstande, man muß sie ansehen mit Gemüt, Gefühl und Liebe, aber so, daß Gefühl, Gemüt und Liebe so klar und hell werden, wie sonst nur der Verstand ist, und sich wirkliche Erkenntnis entwickeln kann. Der Verstand kann nur die Bilder der äußeren Natur entwickeln, und wenn man glaubt, man kommt zu etwas anderem als zu dem Bilde der Natur, so irrt man sich. Dieses andere können Sie erst haben, wenn Gemüt, Gefühl und Liebe Erkenntniskräfte werden. Dadurch, daß man sich in der angedeuteten Weise in der karmischen Entwicklung zurückversetzt, erst dadurch gelangt man dazu, allmählich

> sich hineinzuarbeiten in eine Anschauung dessen, wie Karma wirkt. Aber dann muß eben die ganze Seele mitspielen. Deshalb muß dasjenige, was in solchen Auseinandersetzungen über das Karma liegt, den ganzen Menschen ergreifen.»[265]

Die anthroposophisch orientierten (oder interessierten) Landwirte, die nach Koberwitz gekommen waren, um ihre Arbeit zu vertiefen und einen wirklichen Neuanfang, ein «kommendes Karma» willentlich zu wagen, nahmen Steiners Schicksals-Schilderungen tief in ihre Seele auf. Rudolf Meyer schrieb später, Rudolf Steiner habe in Koberwitz und Breslau die *«liebevolle Hingabe an die Erdenarbeit»* mit dem *«Mut zu den Sternen»* zu vereinigen gewußt.[266] Im Grunde galten Meyers Formulierungen bereits für die Landwirtschaftsvorträge selbst, die in ihren gewaltigen makrokosmischen Aspekten «mutig» aufgenommen werden mußten. In den Breslauer Abendvorträgen aber verband Rudolf Steiner diese Darstellungen mit dem Schicksalsgedanken, mit der kosmischen Heimat der Menschenseele, dem weiterwirksamen «Ort» biographischer Entschlüsse von größerer Reichweite, Entschlüsse, die auch gemeinsam inkarnierten Menschengruppen eignen können. – Ob aus dem Kreis der Landwirte Schicksals-Fragen an Rudolf Steiner gestellt wurden, ist nicht bekannt. Johanna von Keyserlingk überlieferte lediglich, daß er vor einem der Breslauer Karma-Vorträge von einem Künstler über die Vorinkarnation Kaspar Hausers befragt wurde. «Am anderen Tag brachte Rudolf Steiner die Antwort: er habe geistig untersucht da, wo Caspar Hauser in das physische Dasein trat und dort, wo er ermordet wurde. Er habe aber weder eine vorhergehende, noch eine nachfolgende Verkörperung finden können. Es handle sich hier um ein höheres Wesen, das eine besondere Mission auf Erden hatte.»[267]

Rudolf Steiner war mit der Aufnahme der Karmavorträge in Breslau sehr zufrieden, wie er nach seiner Rückkehr nach Dornach betonte. Der verinnerlichende, esoterische «Zug», der mit der

Weihnachtstagung begonnen hatte, wurde von den Herzen der Menschen aufgegriffen. Auch zwei esoterische Klassenstunden gab Rudolf Steiner in Breslau, am 12. und 13. Juni: «Ich zeigte, wie der Weg zur Geist-Erkenntnis und die seelischen Erlebnisse beim Übergang vom sinnlichen zum geistigen Anschauen durch innere Seelenarbeit verstanden werden kann.»[268]

6. Der Mensch, die Michaels-Zeit und die Natur

Rudolf Steiners Jugendansprachen

Offene Herzen und teilnahmsvolle Seelen schaute ich vor mir, wenn ich sprach. Man redete über das Wesen der Jugendbewegung und über Ziele derselben, welche die Zeit fordert.

Rudolf Steiner[269]

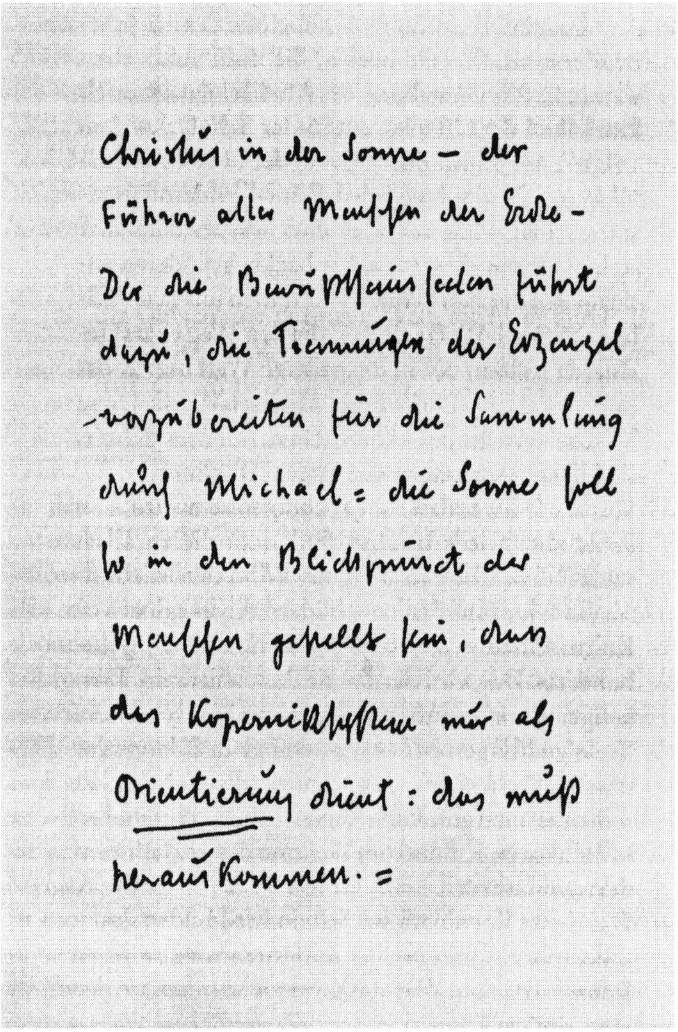

Christus in der Sonne – der
Führer aller Menschen der Erde –
Der die Bewußtseinsseelen führt
dazu, die Trennungen der Erzengel
vorzubereiten für die Sammlung
durch Michael = die Sonne soll
so in den Blickpunkt der
Menschen gestellt sein, dass
das Kopernikussystem nur als
Orientierung dient: das muß
herauskommen. =

Rudolf Steiner: Notizbucheintragung (Ita Wegman Archiv)

Viele junge Menschen, die sich der Anthroposophie – oft in freier Form – zugehörig fühlten, den Weltkrieg überlebt hatten, aus der Jugendbewegung und dem «Wandervogel» kamen und sich der Natur verbunden wußten, warteten in Breslau auf Rudolf Steiner – darunter auch die Gruppe junger Landwirte um Immanuel Voegele und Erhard Bartsch, von denen der Koberwitzer Kurs vorbereitet worden war.

Rudolf Steiner hatte am 24. Februar im *Nachrichtenblatt* der Wochenschrift *Das Goetheanum* den Aufbau einer künftigen Jugendsektion in Aussicht gestellt und die anthroposophische Jugend zu einem Dialog aufgefordert; er habe, so Steiner, den Vorsitz der Allgemeinen Anthroposophischen Gesellschaft auch *darum* übernommen, um jungen Menschen und künftigen Generationen einen Weg in diese Gesellschaft und ihre Zivilisationsaufgaben eröffnen zu können: «Anthroposophie vor der Welt zu vertreten, das, nicht wahr, fordert eben einen durchaus anderen Stil. Und das hat mich ja auch bewogen, den Vorsitz zu übernehmen.»[270] In vier weiteren Aufsätzen, die im März erschienen waren, hatte Rudolf Steiner über die Jugendfrage geschrieben – über das Verlangen der gegenwärtigen Jugend nach Weltanschauung statt nach «weltanschauungsloser Wissenschaft», über ihr Leiden an der «Kälte der weltanschauungslosen Zivilisation» und über seine eigene Jugendzeit im letzten Drittel des 19. Jahrhunderts, im letzten Ausklang des «Kali Yuga», des Finsteren Zeitalters und seinem «Schaufeln des Grabes des Geistes im Erleben der Materie». Schon in diesen Aufsätzen vom März hatte Rudolf Steiner auf den real eingetretenen Zeitumbruch mit Nachdruck hingewiesen, trotz aller retardierenden Kräfte und aktuellen Schwierigkeiten der Gegenwart – *«das ‹lichte› Zeitalter ist aber angebrochen. Es wird nur noch nicht empfunden, weil die meisten Menschen noch in ihren Seelen die Nachwirkung der alten Finsternis tragen. Wer aber Sinn für Geisteswesen hat, der kann wissen, daß es ‹licht› geworden ist.»*[271] Geisteswissenschaft, so Rudolf Steiner am 23. März, könne etwas für Seelen sein, «die erwachen wollen». «Sie will dem Menschen nicht bloß Wissen vermitteln, sondern das Leben nahe bringen. Dann wird es seiner Freiheit gegeben sein, das Leben in Wissen zu verwandeln.»[272] Am 30. März, zwölf Monate vor seinem Tod, hatte er im Dornacher *Nachrichtenblatt* unter anderem die Sätze veröffentlichen lassen:

> Besinnt sich [...] die Jugend auf ihre wahren Erlebnisse, so wird sie finden, daß diese wie Fragestellungen sind, und daß die Esoterik der Anthroposophischen Gesellschaft ihr wenigstens Versuche von Antworten entgegenbringt.[273]

*

Das erste Treffen mit jungen Menschen, die Rudolf Steiner um eine Zusammenkunft gebeten hatten, fand am Nachmittag des Pfingstmontages statt, in einem gemieteten Musiksaal in der Tauentzienstraße im Zentrum Breslaus, der auch für die sakramentalen Handlungen der Christengemeinschaft diente. Der 23jährige Priester und Leiter der Breslauer Jugendarbeit, Kurt von Wistinghausen, begrüßte Steiner und dankte für sein Kommen in den Kreis. Wistinghausen sagte einleitend, Rudolf Steiner habe «Weltaufgaben» zu erfüllen, daher sei sein Auftreten in einem solch «sehr bescheidenen, zusammengewürfelten Kreis junger Menschen»[274] etwas sehr Besonderes – «wir sind nicht nur

Akademiker, sondern auch Kaufleute, Beamte, und zumeist nicht Mitglieder der Anthroposophischen Gesellschaft.»[275]

Rudolf Steiner, der die Vorstandsmitglieder Elisabeth Vreede, Guenther Wachsmuth und Marie Steiner sowie einige ältere Anthroposophen mit zu dem Treffen genommen hatte, sprach in seiner anschließenden Rede davon, daß die Jugendbewegung im höchsten Maße ernst zu nehmen sei – und daß die anthroposophische Bewegung mit der Jugendbewegung durch ein *«inneres Schicksal»* in Verbindung stehe. Erläuternd sagte er am Pfingstmontag:

> Wenn ich das zu Hilfe nehme, was ich selber durch viele Jahrzehnte erlebt habe im Streben nach einer Gemeinschaft von Menschen, die nach dem Geiste suchen wollen, und wenn ich das zusammenhalte mit demjenigen, was etwa seit der Wende des Jahrhunderts als Jugendbewegung aufgetreten ist, so muß ich sagen, dasjenige, was ganz wenige fühlten vor vierzig Jahren schon, und was damals, weil es eben ganz wenige fühlten, kaum bemerkt worden ist, das ist heute gefühlt innerhalb der immer allgemeiner werdenden Jugendbewegung.[276]

Dann schilderte Rudolf Steiner die Schwierigkeiten der jungen Menschen, in einer Welt zu leben, deren Einrichtungen – aufgrund des naturwissenschaftlichen Materialismus – dem Menschen fremd geworden seien, sowie die gegenwärtig verbreitete Jugenderfahrung, statt mit realen Menschen mit «Masken» zu tun zu haben. Die gegenwärtige Jugend sei nicht gewillt, diese enthumanisierte und formalisierte «Kultur» mitzumachen und weiter zu tragen; ihre Absetzung von Traditionen und Konventionen sei mehr als ein Generationenkonflikt – man stehe tatsächlich an einem Wendepunkt der Zeiten, «wie die Menschheit wenigstens in historischen Zeiten und auch zu einem großen Teil in vorhistorischen Zeiten nie gestanden hat». *«Es ist eine radikale Wendung einer Zeit da.»*[277] Die Entschiedenheit, aber auch das schwierige Leben der jungen Menschen in der Gegenwart hänge mit ihren «Seelenuntergründen» zusammen – im Unterbewußtsein hätte die junge Generation in ihrer unmittelbar vorirdischen Zeit am Ende des 19. Jahrhunderts bedeutende Erfahrungen durchgemacht. Ebenso wie in seinen Aufsätzen vom März wies Rudolf Steiner auch in Breslau auf die durchlaufene Zäsur der Zeit mit Nachdruck hin – auf das abgelaufene «Finstere Zeitalter»:

> Man spricht davon, daß mit der Wende des 19. und 20. Jahrhunderts das sogenannte finstere Zeitalter abgelaufen ist, und daß ein neues lichtvolles Zeitalter im Beginn ist. Ganz gewiß, wer in die geistige Welt hineinschauen kann, der weiß, daß es so ist. Daß jetzt nicht viel Licht zum Vorschein kommt, spricht nicht dagegen; die Menschen sind an die alte Finsternis gewöhnt, und gerade so wie eine Kugel, der man einen Stoß gegeben hat, fortrollt, so rollt das eine Zeitlang fort, rollt durch Trägheit fort.[278]

Die «fortrollende» Zivilisationsrichtung begehre, so Steiner, immer noch nach der «wissenschaftlichen» Bestätigung, dem professionellen Zertifikat und dem formalen Beweis. Die Jugend aber wolle an die Stelle der Bestätigung das wirkliche, seelisch-geistige Erleben setzen; ebenso die anthroposophische Bewegung – *«Es kommt darauf an, daß wir eben zu Erlebnissen kommen.»*[279] Der Kern der anthroposophischen Bewegung auf Erden bestehe, so Steiner, aus Menschen, die an der Wende zum 20. Jahrhundert einen anderen Weg als die allgemeine Zivilisation eingeschlagen hätten. Im Juni 1923 hatte Rudolf Steiner in seinen großen Dornacher Darstellungen über die Geschichte der anthroposophischen Bewegung erstmals von den «heimatlosen Seelen» gesprochen, die von der «allgemeinen Heerstraße» abgewichen und Anthroposophen geworden seien;[280] nun entfaltete er dieses

Motiv erneut, auch im Hinblick auf den kosmischen Bezug des Menschen:

> […] Die anthroposophische Bewegung vereinigt die Leute jeglichen Standes, Berufes und Alters, die an der Wende des 19. zum 20. Jahrhundert gefühlt haben, daß der Mensch sich in einer ganz anderen Weise in das gesamte Weltall hineinstellen muß. Er muß nicht nur etwas bestätigt bekommen, bewiesen bekommen, er muß etwas erleben können.[281]

Die geistige Erlebnisdimension der Anthroposophie hatte Rudolf Steiner seit der Weihnachtstagung immer deutlicher in den Vordergrund gestellt – die Anthroposophie selbst wolle intensiv erlebt und verinnerlicht, nicht nur gedacht und reflektiert werden. Im Mai 1924, kurz vor seinem Aufbruch nach Breslau und Koberwitz, hatte Rudolf Steiner im *Nachrichtenblatt* an die Mitglieder der Anthroposophischen Gesellschaft geschrieben: «Esoterik beruht auf dem […] Verinnerlichen in der Mitteilung von Wahrheiten. Man sollte in dieser Verinnerlichung etwas von dem Impuls sehen, den die Weihnachtstagung in die Anthroposophische Gesellschaft hat bringen wollen.»[282] Zu den «Jungmedizinern» hatte er im Januar nach der differenzierten Schilderung anthropologisch-kosmologischer Zusammenhänge gesagt:

> Alle solche Erkenntnis hat nur Wert, wenn sie sich unmittelbar einsenkt in das moralische Gemüt, wenn man innerlich Schauer erleben kann dadurch, daß man in dieser Weise durch die Betätigung des Menschen sich einsenkt in eine Empfindung für den Kosmos. Und meditieren, namentlich für den Mediziner, besteht nicht darin, daß er lediglich brütet über Gedanken, sondern meditieren besteht schon darin, daß man sich solche Zusammenhänge vor die Seele bringt und in diesen Zusammenhängen innere differenzierte Gefühle, an denen man innere Erschütterungen aller möglichen Arten erleben kann.[283]

Rudolf Steiners Koberwitzer Kurs war von dieser Erlebnisdimension unzweifelhaft durchwirkt, wenn auch in behutsamer Weise – angesichts der großen und heterogenen Zuhörerschaft, die überwiegend praktische Hilfestellungen erwartete. Gegenüber den jungen Menschen in Breslau aber sprach Rudolf Steiner die notwendige Verinnerlichung, das Denken des Herzens, unmittelbar und in sehr direkter Weise an, auch im Sinne seiner Aussage vom 30. März: «Besinnt sich [...] die Jugend auf ihre wahren Erlebnisse, so wird sie finden, daß diese wie Fragestellungen sind, und daß die Esoterik der Anthroposophischen Gesellschaft ihr wenigstens Versuche von Antworten entgegenbringt.»

Schließlich ging Rudolf Steiner immer direkter auf die geistigen «Seelenuntergründe» der vor ihm sitzenden, überwiegend in den letzten Jahren des 19. Jahrhunderts geborenen Menschen ein – und sprach vom 1879 angebrochenen Michael-Zeitalter, ja der «Michael-Bewegung» in der geistigen Welt, deren Zeugen sie durch ihre vorgeburtlichen Erlebnisse und Intentionen geworden seien:

> Und wenn ich jetzt mehr von den Hintergründen des Daseins spreche, so sehe ich doch, daß junge Menschen, die erst vor kurzem aus der geistigen Welt zum physischen Dasein heruntergestiegen sind, eben mit ganz anderen Forderungen an das Leben heruntersteigen als die, die früher heruntergestiegen sind. Warum ist das so? Sie brauchen mir das ja nicht zu glauben. Aber mir ist es eine Erkenntnis, nicht bloß ein Glaube. Sehen Sie, man macht, bevor man zum physischen Erdendasein heruntersteigt, in der geistigen Welt allerlei durch, was inhaltsvoller, gewaltiger ist als das, was man auf der Erde durchzumachen hat. Damit soll das Erdenleben nicht unterschätzt werden. Die Freiheit könnte sich nie entwickeln ohne das Erdenleben. Aber großartiger ist das Leben zwischen Tod und Geburt. *Die Seelen, die heruntergestiegen sind, das sind*

die Seelen, die in Ihnen sind, meine lieben Freunde. Die waren wirklich ansichtig einer hinter dem physischen Dasein verlaufenden ungeheuer bedeutungsvollen geistigen Bewegung in überirdischen Regionen, derjenigen Bewegung, die ich innerhalb unserer Anthroposophischen Gesellschaft die Michael-Bewegung nenne. Es ist so. Ob es der heutige materialistische Mensch glauben will oder nicht, es ist so! Und die führende Macht für heute, für unsere gegenwärtige Zeit – man könnte sie ja auch anders nennen, ich nenne sie die Michael-Macht –, strebt eigentlich innerhalb der geistigen Führung der Erde und der Menschheit nach einem Neugestalten alles Seelenhaften auf der Erde. Die Menschen, die im 19. Jahrhundert so gescheit geworden sind, ahnen ja gar nicht, daß von der geistigen Welt aus die Seelenverfassung aufgegeben ist, die gerade als die aufgeklärteste im 19. Jahrhundert sich herausgebildet hat, daß der ein Ende gesetzt ist, daß eine Michael-Gemeinschaft von Wesen, die niemals auf die Erde kommen, aber die Menschheit leiten, danach strebt, eine neue Seelenverfassung in die Menschheit hineinzubringen. Der Tod der alten Zivilisation ist eben einmal gekommen.[284]

Diese Seelenverfassung, in der die Menschen darinnen stekken, diese Seelenverfassung soll durch eine andere abgelöst werden, die wieder aus dem Menschen selber heraufkommt, die im Menschenwesen erlebt ist. Das ist das Streben von geistigen Wesenheiten, die, ich möchte sagen, durch die Zeichen der Zeit erkennbar sind und die Führung unseres Zeitalters übernommen haben. *Die Seelen, die in Ihren Leibern auf die Erde heruntergezogen sind, die haben diese Michael-Bewegung gesehen und sind unter dem Eindruck der Michael-Bewegung heruntergekommen.* Und hier lebten sie sich ein in eine Menschheit, die eigentlich den Menschen ausschließt, den Menschen zur Maske macht. Und so ist eigentlich die Jugendbewegung eine wunderbare Erinnerung an das vorirdische Erleben, an wichtigste

> Eindrücke dieses vorirdischen Lebens. Und hat man diese unbestimmten, unterbewußten Erinnerungen an das vorirdische Leben, diesen Anblick des Strebens nach einer Erneuerung der menschlichen Seelenverfassung, man findet nichts davon auf der Erde. Das ist, was eigentlich heute in jugendlichen Gemütern vorgeht.[285]

Dann sagte Rudolf Steiner im Hinblick auf die anthroposophische Bewegung:

> Die anthroposophische Bewegung ist dasjenige, was sich aus der Michael-Bewegung offenbart; sie hat das, was da gewollt wird, unter die Menschen zu bringen. Die anthroposophische Bewegung möchte hier auf der Erde von der Erde aus hinaufschauen zu der Michael-Bewegung. Die Jugend bringt sich die Erinnerung aus dem vorirdischen Dasein mit. Das führt schicksalsmäßig zusammen. So erschien mir alles das, was sich im Zusammenhang der Jugendbewegung mit der anthroposophischen Bewegung abgespielt hat, wirklich wie ganz innerlich, nicht bloß durch irdische Verhältnisse, sondern durch geistige Verhältnisse, insofern diese geistigen Verhältnisse zum Menschen gehören, gegeben zu sein.[286]

Das «Neugestalten alles Seelenhaften auf der Erde» bzw. das Hereinbringen einer «neuen Seelenverfassung in die Menschheit» lebe als Wirkensimpuls in den Seelenuntergründen der jungen Menschen in den ersten Jahrzehnten des 20. Jahrhunderts – und bedinge ihre Lebenssorgen und -schwierigkeiten, aber auch ihren Willen zur Veränderung der gegebenen Welt. Die junge Generation suche in ihrem Streben den anderen Menschen und die Gemeinschaft, den realen Zusammenschluß – der Mensch und sein Wesen aber könne nur im Geistigen gefunden werden. «Nun ist es so, man kann im anderen Menschen den Menschen nicht finden, wenn man ihn nicht auf geistige Weise zu suchen versteht, denn der Mensch ist einmal ein geistiges Wesen, und wenn man dem Menschen nur äußerlich entgegentritt, so kann man ihn nicht finden, auch wenn er da ist.»[287] Mit kurzen Strichen ging Rudolf Steiner damit auf die Abwege und Gefahren einer untergründigen, ebenso existentiellen wie epochalen Suchbewegung ein – auf ihre mögliche Beschränkung auf das soziale, seelische Zusammensein *und* auf die potentielle Instrumentalisierung der vorhandenen Sehnsucht durch andere Kräfte und Gewalten. Die «Wandervogel»-Generation war 1914 begeistert in den Ersten Weltkrieg gezogen, in der erhofften und erstrebten Auflösung alter Ordnungen; mehr als die Hälfte ihrer Mitglieder hatten in diesem Krieg ihr Leben gelassen. 1924 dagegen arbeiteten Adolf Hitler und die nationalsozialistische Partei daran, die Jugendgeneration für ihre Zwecke einzuspannen, in systematischer Weise und in gezielter Ausnutzung der vorhandenen Kräfte. Am 12. April hatte ein wacher Beobachter des Münchner Hitler-Prozesses, der Philosoph Ernst Bloch, in sein Tagebuch geschrieben: «Es ist nicht gering anzuschlagen, wie Hitler die Jugend hat. [...] Hitler, Hitlerismus, Faschismus ist die Ekstase bürgerlicher Jugend.»[288]

*

Als zu überwindendes Problem beschrieb Rudolf Steiner im Zusammenhang seiner Breslauer Jugendansprache vom Pfingstmontag dabei die Macht des Egoismus und des seelischen Selbstbezuges. Die extreme Subjektivität verunmögliche den wirklichen Weg zum anderen, zum Gegenüber: «Ein jeder redet und tut nur aus sich heraus. Denken Sie nur, wie das sofort anders ist, wenn man sich in den andern hineinfühlen kann.»[289] Die Anthroposophie sei dagegen ein Weg der Schulung. Sie bilde Organe der Wahrnehmung und der Erkenntnis aus – des erkennenden Lebens in der gegebenen Welt mit ihren konkreten Seinsbedingungen:

> Man muß sich in etwas Objektives hineinfinden. Egoismus ist die Signatur des Zeitalters. Wenn wir anfangen uns rechtschaffen für den Menschen zu interessieren, so kann das nicht fortdauern. Den Egoismus überwindet man gründlich, wenn man ihn zuerst überwindet bei etwas, was so schwer in die Seele eingeht wie die Anthroposophie. Da muß man sich auf sein Inneres beziehen. Da streift man den Egoismus ab und kann dann schon in den anderen hineinfinden. Das tritt als eine Frucht auf.[290]

Goethe hatte bereits am Ende des 18. Jahrhunderts davon gesprochen, daß der erkenntnissuchende Mensch mit «gebändigter Selbstigkeit» und «wachsender Objektivität» dazu gelangen müsse, «den Maßstab der Erkenntnis, die Data der Beurteilung nicht aus sich, sondern aus dem Kreise der Dinge zu nehmen, die er beobachtet».[291] Rudolf Steiner hatte diesen Goetheschen Welt- und Erkenntnisbezug bereits in seiner Jugendwicklung weiter ausgebildet und intensiviert – und bereits früh betont, daß die natürliche Umwelt des Menschen und das Studium der Natur zur *«Lehrmeisterin der Selbstlosigkeit»* werden können.[292] Der anthroposophische Schulungsweg beruhte auf der «erkennenden Selbstlosigkeit» und oft hatte Rudolf Steiner davon gesprochen, daß diese Selbstlosigkeit nicht nur ein Element der anthroposophischen Schulung und Forschung, sondern in gewisser Hinsicht auch eine Voraussetzung (und ein Ergebnis) ihrer wirklichen Aufnahme sei. «Den Egoismus überwindet man gründlich, wenn man ihn zuerst überwindet bei etwas, was so schwer in die Seele eingeht wie die Anthroposophie», betonte Rudolf Steiner am Pfingstmontag in Breslau; drei Jahre zuvor hatte er in seinem ersten Dornacher Theologenkurs gesagt:

> Sehen Sie, bei dem, was der Mensch sich erobert in der Anthroposophie, ganz gleichgültig jetzt, wie weit er als Forscher selber kommt oder wie weit er die Dinge einsieht […] muß er

> eine ganze Menge von seinem Ich aufgeben, ich meine von seinem Egoismus aufgeben. Es gehört in gewissem Sinne zu diesem Aussich-Herausgehen, zu diesem Aufgehen in der Welt, schon eine gewisse Selbstlosigkeit. Man muß, möchte ich sagen, vieles recht radikal aus dem eingelebten Egoismus herausreißen, um auch nur zu den einfachsten anthroposophischen Erkenntnissen ein wirklich menschliches Verhältnis zu finden. Ein Weltgefühl muß sich gegenüber dem Ichgefühl in starkem Maße entwickeln, und allmählich wächst gerade im Verfolgen dieses scheinbaren Wissensweges etwas, was der inbrünstigen Liebe nicht nur ähnlich ist, sondern ihr gleichkommt; das wächst alles heran. Und im Grunde genommen lernt man wirklich die Hingabe an das Objektive recht sehr kennen im Verfolgen des anthroposophischen Inhaltes.[293]

In Koberwitz sprach Rudolf Steiner über die Lebensbedingungen der Landwirtschaft oder vielmehr: aus ihnen heraus. Die «Hingabe an das Objektive» betraf das Sein des Gegenübers – damit auch das Kuhhorn und den Dung, den Kompost und das Tier, den Erdboden und die Brennessel, die Welt und Innenwelt der Naturwesen.

*

In umfangreicher Weise ging Rudolf Steiner, nach Beendigung seiner einleitenden Ansprache, auf die Fragen der jungen Menschen ein, auf ihre Nöte und Sorgen innerhalb der bestehenden Berufe – von denen er mit Nachdruck sagte, daß sie künftig vollkommen «neugestaltet» werden müßten, um ein menschenwürdiges Dasein in ihnen zu ermöglichen. In Koberwitz war Rudolf Steiner dabei, Elemente einer «Neugestaltung» nicht nur der Landwirtschaft, sondern des bäuerlichen Berufes aufzuzeigen. Diese – unausgesprochene – Dimension der acht Vorträge hatte als Frage und Bitte von vornherein in der jugendlichen Vorbereitungsgruppe gelebt – und Immanuel Voegele hatte ihm im Januar geschrieben: «Solange [...] die Möglichkeit eines landwirtschaftlichen Kurses nach geisteswissenschaftlichen Richtlinien besteht, glaube ich diese Bitte nicht unversucht lassen zu dürfen, *weil ich von ihrer Erfüllung erhoffen kann, geist- u. wirklichkeitsgemäß als ganzer Mensch mich in meine berufliche Tätigkeit hineinstellen zu können.*»

Die notwendige Neugestaltung der menschlichen Lebens- und Arbeitsfelder könne nur in Gemeinschaften geleistet werden, betonte Rudolf Steiner in Breslau; zu einem jungen Mann, der von dem «Zerriebenwerden» durch die berufliche Arbeitswelt sprach, sagte er:

> Man muß [gegenwärtig] neben dem Beruf einen [geistigen] Weg und für diesen Weg so viele Menschen finden, daß eine solche Kraft entsteht, daß die Berufe neu gestaltet werden können.»[294]

Da der Frager auch auf Rudolf Steiner Michaels-Darstellungen eingegangen war, kam Steiner auf diese noch einmal zurück – und führte weiter aus:

> Daß diese Kraft entsteht, dazu kann viel geschehen, wie ich es Ihnen in der Michaels-Kraft charakterisiert habe. Die muß sich aber in grandiosen Michaels-Festlichkeiten ausleben. Wir müßten es wirklich dahin bringen, daß das aufkeimende Leben der Zukunft, das von uns noch ganz embryonal gefühlt werden kann, in Festen der Hoffnung, in Festen der Erwartung entstehen kann. In Festen, wo man nur durch Hoffnung und Erwartung zusammengehalten wird, nicht durch scharf konturierte Ideale, müßte man gerade in diesen Festen dieses Bild vor sich haben des Michaels mit den Führeraugen, der weisenden Hand, mit dem geistigen Rüstzeug. Solch ein

> Fest muß entstehen. Warum ist es nicht entstanden? So fest ich hinweisen werde, daß dieses Fest aus dem Schoße der anthroposophischen Bewegung hervorgehen muß, so fest werde ich es auch zurückhalten, so lange nicht die Kraft da ist, es würdig zu halten. Denn spielerisch es zu machen, dazu ist die Zeit zu ernst. Wenn es in würdiger Weise gefeiert wird, wird es große Impulse in die Menschheit hinein senden. Daher müssen wir so lange warten, bis die Kraft dazu da ist. Nicht bloß ein vages, blaues, dunstiges Erbauen an der Michaels-Idee soll da sein, sondern das Bewußtsein, daß eine neue Seelenwelt unter den Menschen begründet werden muß. Es ist tatsächlich das Michaels-Prinzip das Führende. Dazu gehört gemeinschaftliches Erleben, um gerade auf eine Michaels-Festeszeit hinzuarbeiten, wo dann der Geist der Hoffnung in die Zukunft, der Geist der Erwartung leben kann.[295]

Wie am Karfreitag in Dornach, so wies Rudolf Steiner damit auch am Pfingstmontag in Breslau intensiv auf die Notwendigkeit kommender «Michaels-Feste» hin, in eindrucksvoller Gestalt:

> Erinnerlich ist mir vor allen Dingen der Eindruck, wie Dr. Steiner die Gestalt des Erzengels Michael vor uns hinstellte, als stehe er im Augenblick ihm gegenüber. Während er die schimmernde Rüstung, die Gebärde und den Blick des Erzengels schilderte, straffte sich seine Gestalt, als trüge er selbst diese Rüstung, und sein Blick ging weit über uns hinaus. (Kurt von Wistinghausen[296])

In einer anderen Erinnerung an diese Situation schrieb von Wistinghausen:

> Während Rudolf Steiner von den kommenden «Festen der Hoffnung und Erwartung» sprach, straffte sich vor den Augen der Anwesenden seine Gestalt, sein Blick richtete sich über

unsere Köpfe hinweg wie in die Ferne und nahm einen stählernen Glanz an, der uns als Spiegelung einer Welt erschien, die er unmittelbar erschaute. Mit erhobener Stimme sagte er, in diesen Festen müßte man das Bild vor sich haben «des Michael mit den Führeraugen, der weisenden Hand, mit dem geistigen Rüstzeug». Es war ein Augenblick von schicksalbildender Eindruckskraft.[297]

*

Zuletzt wurde Rudolf Steiner bei der Pfingstmontagzusammenkunft noch einmal nach der Wandervogeljugend gefragt. In seiner Antwort ging er erneut auf die Notwendigkeit einer wirklichen Naturwahrnehmung und -erkenntnis ein («heute kann der Mensch die ganze Welt durchwandern und sieht nichts»[298]) – und richtete die Aufmerksamkeit abermals auf die Schulung von Fähigkeiten. In diesem Zusammenhang sagte Rudolf Steiner über sein Buch *Wie erlangt man Erkenntnisse der höheren Welten?:*

Um etwas zu sehen, muß man ein Herz haben. Wenn man aber schon in der Volksschule verhindert wird, ein ganzer Mensch zu sein, sieht man nicht, was in der Natur ist. Wenn man wieder darauf eingehen kann, was alles in der Natur ist, dann findet man auch in *Wie erlangt man Erkenntnisse der höheren Welten?* etwas anderes als andere. Dieses Buch ist durchaus nicht mit Ausschluß der Natur geschrieben, sondern durchaus im Anblick der Natur. Man hat gesagt, man könne meinem Stil ansehen, daß ich mit der Schreibmaschine schreibe, weil mir bei Tag die Zeit dazu fehle. Diese Kritik kann ganz gewiß nicht recht haben. Ich habe mir noch nie ins Bett, wo ich meine meisten Sachen schreibe, eine Schreibmaschine gestellt. Das würde auch grotesk aussehen. Es kommt darauf an, wie die Sachen konzipiert sind. Sie sind durchaus im Anschauen der Natur konzipiert. *Wie erlangt man Erkenntnisse der höheren*

> *Welten?* ist durchaus ein Wandervogelbuch. Ich sehe keinen Gegensatz, der beruht darauf, daß man weder das eine noch das andere ganz ist. Als Wandervogel die Natur erleben, dann wird man auch das Buch erleben, das gar kein Buch sein soll. Es schaut nur so aus.[299]

Rudolf Meyer, der an der Jugendversammlung teilnahm, referierte weitere Aussagen Rudolf Steiners im Kontext dieser Darstellung mit den Worten: «Man werde allerdings, wenn man die Übungen dieses Buches *[Wie erlangt man Erkenntnisse der höheren Welten?]* mache, allmählich dazu gelangen, vielleicht schon bei der ersten Blume am Wege stille zu stehen; denn sie könne einem ein ganzes Sternenall enthüllen, das in sie hineingeheimnist sei. Vielleicht brauche man nicht immer so weit zu wandern, wenn man bereits an den einfachen Erscheinungen die Möglichkeit finde, in die Höhen und Tiefen des Kosmos hinaus zu dringen.»[300]

Am Ende der Zusammenkunft vom 9. Juni sagte Rudolf Steiner, er sei froh, daß diese Begegnung nicht schriftlich festgehalten worden sei: «Es war meine Absicht, gewisse Dinge, die man von Mensch zu Mensch sagt, niemals drucken zu lassen. Ich bin so froh, daß heute keiner mitschreibt.»[301] Als Kurt von Wistinghausen darauf eingestehen mußte, daß Lilly Kolisko mitstenographiert habe, lachte Rudolf Steiner «sehr herzlich».[302] Dennoch entschied sich die Jugendgruppe, das nächste Treffen mit Rudolf Steiner, das zwei Tage später, am 11. Juni, in der Viktoriaschule stattfand und aus Fragen und Antworten bestand, undokumentiert zu lassen.

*

Die Begegnungen mit Rudolf Steiner in Breslau bedeuteten dem «zusammengewürfelten Kreis junger Menschen» viel – für ihren weiteren Lebens- und Arbeitsweg, innerhalb und außerhalb der Anthroposophischen Gesellschaft. Nie zuvor hatte Rudolf

Steiner in dieser, erschütternden wie ermutigenden, Weise über das Michaels-Motiv gesprochen, als Teil der geistigen Inkarnationsstruktur an der Wende zum 20. Jahrhundert. Rudolf Steiner wies auf Möglichkeiten und Gefahren der Gegenwart und Zukunft hin, die unbedingt beachtet werden mußten, um zivilisatorisch aufbauend und auch persönlich weiterführend wirken zu können. Wieviel die einzelnen davon unmittelbar aufnehmen konnten, ist nicht bekannt. Rudolf Steiner aber sprach diese Zusammenhänge in Breslau sehr bewußt aus, im Umraum des Koberwitzer Kurses und in pfingstlicher Zeit. Über die Jugendtreffen mit ihm schrieb Karin Ruths-Hoffmann, eine Teilnehmerin: «Diese Stunden in ihrer Steigerung und im Zusammenhang mit den Karma-Vorträgen am Abend müssen Ungeheures geistig bewirkt haben.»[303] Diese Formulierung schien über den Kreis der Hörer hinauszuweisen, in Richtung eines objektiv wichtigen Geschehens für alles Kommende.

Auch für diejenigen unter Steiners jungen Hörern, die sich der Landwirtschaft und Koberwitz in besonderer Weise verpflichtet wußten, waren die Breslauer Jugendausführungen von herausragender Bedeutung – angesichts des im «privaten Lehrkurs» fachlich Aufgenommenen und zu Verinnerlichenden, aber auch im Hinblick auf die gemeinsame Zukunftsaufgabe. «[...] Je mehr wir darauf verzichten, schon morgen etwas zu erreichen, um so mehr wir uns bemühen, emsig zu arbeiten in dem, was sein soll zunächst eine geistige Gemeinschaft, die auf etwas hinarbeitet, desto besser wird das sein. Das ist das, was wir ins Auge fassen müssen»,[304] sagte Rudolf Steiner am Pfingstmontag in Breslau.

Am Ende der Koberwitzer Vorträge fragten die jüngeren Teilnehmer des «Landwirtschaftlichen Kurses» Rudolf Steiner, ob er noch einmal eine Stunde Zeit für sie hätte. Darauf ging er gerne ein – das letzte Treffen mit ihm fand am Morgen des Abreisetages, am Dienstag, den 17. Juni, in Koberwitz statt.

7. «Nun haben wir auch dieses wichtige Werk geschafft»

Die Abreise Rudolf Steiners

Aber der Kurs, der war – wie soll ich sagen – das war doch eine große Sache. Den Herrn Dr. Steiner würde ich noch heute aus Tausenden wieder erkennen! Von jedem von uns hat er sich verabschiedet und für die Mühe gedankt. Ja, Pfingsten 1924 war das, und 1925 ist der Herr Doktor dann schon gestorben. Das sollte wohl grade noch so sein!

Paula Eckardt, Zimmermädchen
Schloß Koberwitz[305]

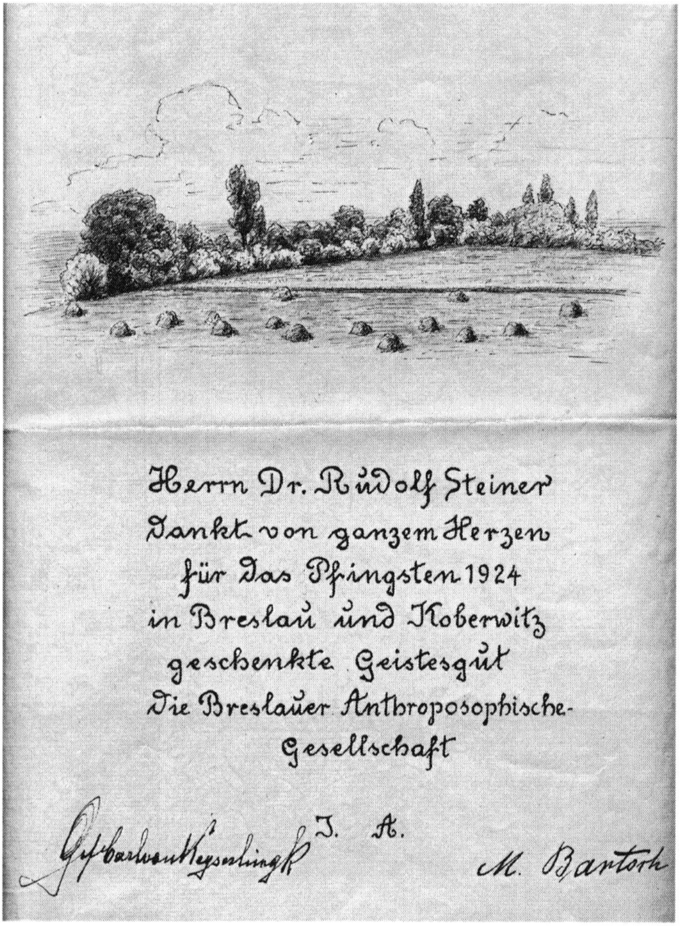

Herrn Dr. Rudolf Steiner
dankt von ganzem Herzen
für das Pfingsten 1924
in Breslau und Koberwitz
geschenkte Geistesgut
die Breslauer Anthroposophische-
Gesellschaft

I. A.

Gf Carl von Keyserlingk

M. Bartsch

Dankesurkunde von der Anthroposophischen Gesellschaft Breslau (Rudolf Steiner Archiv)

Gräfin Johanna von Keyserlingk hätte Rudolf Steiner gerne noch einige Tage über das Kursende hinaus in Schloß Koberwitz behalten, für weitergehende Privatgespräche und weil sie sah, daß der Aufenthalt von offenkundig gutem Einfluß auf seine Gesundheit war. Am 13. Juni, vier Tage vor seiner Abreise, fragte sie ihn, ob er nicht länger bleiben könne: «Ich frug Herrn Doktor während des Abendessens, als seine Abreise besprochen wurde, ob er denn nicht noch etwas bei uns bleiben könne, doch seine Antwort war, er müsse nach Stuttgart zurück, denn der kleine Sohn des Professors Fiechter habe sich beim Spielen einen Bohrer ins Auge gestossen, das Auge sollte sofort herausgenommen werden, doch hoffe er, es noch zu erhalten, und habe völliges Still-Liegen angeordnet. Doch fügte er sehr ernst hinzu, er habe keine Ruhe mehr, er müsse zu dem Kinde.»[306]

Das Kind Nik Fiechter und seine Eltern warteten in Stuttgart auf Rudolf Steiner[307]– aber auch die Heilpädagogen und Schützlinge des «Lauensteins», der ersten anthroposophischen Stätte für Seelenpflege-bedürftige Kinder, die nahe bei Jena entstanden war, lebten der Ankunft Rudolf Steiners entgegen, die für den späten Abend des 17. Juni angekündigt war. Werner Pache, der zu dieser kleinen Gemeinschaft gehörte und unter anderem den Garten des «Lauenstein» betreute, nahm an den landwirtschaftlichen Vorträgen und den Jugendansprachen in Koberwitz und Breslau teil. An einen längeren Aufenthalt in Schlesien war für Rudolf Steiner nicht zu denken – abgesehen von allen Verpflichtungen und Aufgaben, die er in Dornach wahrzunehmen hatte.

Kurz vor Mitternacht am letzten Abend in Schloß Koberwitz, nach der späten Rückkehr aus Breslau, erzählte Rudolf Steiner am Eßtisch des Kesyserlingkschen Hauses nicht nur «heitere Schnurren» (Koschützki), sondern auch von sich selbst, in einer Art Rückblick auf die vergangenen zehn Tage – und sein eigenes Leben. Guenther Wachsmuth zufolge sagte Rudolf Steiner in diesem Zusammenhang:

> Ich habe in den letzten zwei Nächten, wie das in jeder Woche jetzt der Fall ist, zwei Aufsätze zu schreiben gehabt hier in Koberwitz, wie ich sie sonst an den verschiedenen Orten schreibe, meistens ja in Dornach. Der eine war bestimmt für die Zeitschrift *Goetheanum,* der andere für das Mitteilungsblatt. In der Zeitschrift *Das Goetheanum* hatte ich zu schildern ein paar Schritte meines Lebensganges aus dem Jahre 1889; und in dem Mitteilungsblatt hatte ich dasjenige zu schildern, was wir hier in diesen Pfingsttagen erlebt haben. Gerade 35 Jahre sind dazwischen, ein schöner Zeitraum, der aber doch für mich eine Art Aufstieg unserer anthroposophischen Bewegung darstellt. Dazumalen waren es nicht Pfingsttage, es waren Weihnachtstage. Ich machte von Wien aus die Reise nach Hermannstadt in Siebenbürgen, um dort Vorträge zu halten. Es war also das Vortraghalten schon dazumal etwas, was sozusagen zu meinem geistigen Berufe gehörte …
>
> Es waren damals auch schöne Tage, schöne Weihnachtstage. Aber ich muß doch hinnehmen, wie sich mir diese zwei Berichte, der Bericht über etwas vor 35 Jahren und der Bericht über das, was sich jetzt unmittelbar zugetragen hat, ergeben, muß auch hinnehmen, was mittlerweile geschehen ist. Dazumal war es gewiß in einem kleinen Kreise auch sehr schön. Aber jetzt muß ich dasjenige, was dazumal einen, ich möchte

sagen, nicht sehr ausgedehnten Inhalt hatte – es war schwierig, an die Welt heranzutreten mit dem, was man gerade sagen durfte –, ich muß das immer, immer durch die Seele ziehen lassen und daran denken, wie schwierig das *dazumal* war, auch nur ein weniges aus dem geistigen Inhalt an die Welt heranzubringen ... Als dann die zweite Nacht kam, die letzte, die unmittelbar dem heutigen Tage vorangegangen ist, da hatte ich nun so viel zu berichten – wußte gar nicht, wo mir der Kopf steht, was ich alles sagen sollte auf ein paar Spalten. Da waren so viele Vorträge, so viele Veranstaltungen, so vieles, was sich hereindrängte in diese Tage.

Wollen wir das nur ganz kurz Revue passieren lassen, was da alles war. Da haben wir die beiden Pole des geistigen Wirkens, die innere intime Tätigkeit, die unmittelbar hereinführt in die Gestaltung des Geistigen, wie dieses Geistige auf der Erde selber da ist. Da haben wir den anderen Pol, der jetzt schon – ich möchte sagen – in diesem Fall zu der Anthroposophen tiefer Befriedigung gerade in diesen Pfingsttagen sich neben den ersten Pol hingestellt hat, da haben wir dasjenige, was für ein Element praktischer Lebensbetätigung, für die Landwirtschaft, herbeigeholt werden konnte aus der geistigen Welt. Sozusagen jeden Tag konnte da dieser Weg durchgemacht werden in der Seele von dem geistig Praktischen am Vormittage zu dem rein Geistigen, das aber doch der Urquell auch alles Praktischen ist, am Nachmittag und am Abend.[308]

Das *«geistig Praktische»* – die geistige Grundlegung einer neuen Landwirtschaft – und das *«rein Geistige»* – die Karmavorträge und Klassenstunden, aber auch die Jugendansprachen – hatten Rudolf Steiners Arbeitstage in Koberwitz bestimmt, im Sinne der anthroposophischen Bewegung und ihrer Zivilisationsaufgaben im 20. Jahrhundert.

*

Das letzte Treffen mit den jüngeren Teilnehmern des «Landwirtschaftlichen Kurses» setzte Rudolf Steiner auf den nächsten, frühen Morgen an – am 17. Juni um 7 Uhr. Rudolf Steiner mußte länger warten, bis der Kreis vollzählig im Vortragsraum versammelt war, wo er in den vorausgegangenen Tagen die Grundlegung einer neuen Landwirtschaft entfaltet hatte. Die Verspätung war den Teilnehmern überaus peinlich – Rudolf Steiner aber wartete ruhig und milde. Er lud einige zusätzliche Persönlichkeiten zu diesem letzten Treffen dazu, darunter Elisabeth Vreede. *«Was erfolgte, war weit mehr als eine Ansprache, es war ein Abschiedssegen.»*[309]

In seinen Ausführungen, die zumindest streckenweise den Charakter einer esoterischen Stunde vorwiesen, ging Rudolf Steiner von der Suche der Jugend nach dem Geist in der Natur aus, und sprach von der Zurückweisung dieser Suche durch eine Zivilisation, deren Charakter noch immer der Vergangenheit entstamme. Dennoch müsse die Suche gelingen und den rechten Weg zu den Naturprozessen finden, denen auch das Element des Todes angehöre. Das Tote, so Steiner, sei in gewisser Hinsicht die Grundbedingung des natürlichen Werdens – und es stehe in Zusammenhang mit einer schaffenden Geistigkeit, ja einem «Götterwirken»:

> Die Natur baut sich einen weisheitsgetragenen Kristall auf. Der weisheitsgetragene Kristall kann uns entzücken, wenn wir in die Natur hinauswandern. Aber wir müssen uns zugleich klar sein, daß ja Götter sterben mußten, nicht den Erdentod, sondern den Tod der Verwandlung, das heißt den Übergang ins Bewußtseinslose, um in den lichterglänzenden Kristallformen wieder aufzuleben. Und wir müssen es heute in unser Empfinden hineinbekommen, daß, wenn wir hinausschauen in das Tote, uns da hindurch das in der Natur für Jahrtausende unbewußt ruhende Götterleben entgegenleuchtet. Wir müssen in unserer Seele die Möglichkeit finden, dieses Licht, das uns von

der Sonne treffen kann, herzerquickend auch überall in der Natur als das Götterlicht zu fühlen und zu finden. Suchen wir heute die in jahrtausendelanger Zeit ruhende göttliche Seelenwelt in der ganzen himmelerglänzenden Natur ringsherum zu empfinden![310]

Die gegenwärtige Jugendseele suche – unbewußt oder halbbewußt – ein «Erinnern», d. h. die Wiederverbindung mit dem «Götterquell», der göttlich-geistigen Herkunft alles Erd- und Sternenhaften: «Und das ist dasjenige, was man empfindet, wenn heute die Jugend wieder nach der Natur sucht. Es liegt etwas von einem tiefernsten Weltenkarma in der nach Natur und Geist suchenden Jugend von heute, etwas von Weltenkarma, was eigentlich nur im Ernste der Seele richtig ergriffen wird.»[311]

Es sei von wesentlicher Bedeutung, so Rudolf Steiner, daß diese Suche und dieser «Ruf» nach der Natur in seiner eigentlichen Tiefe verstanden und zunehmend auch gelebt würde. Er wies darauf hin, daß die «literarisch-abstrakte Weise» der subjektiven Naturromantik am Ende des 18. Jahrhunderts kein Heil gebracht hatte, im Gegenteil. Die Antwort auf sie sei vielmehr im dämonischen Materialismus der kommenden Zeit erfolgt:

Dann kam im 19. Jahrhundert die Erfüllung jenes Rufes nach der Natur. Es war das Wissen, das sogenannte Wissen von der Natur, das immer wieder ertönende Rufen nach der Natur im steifsten materialistischen Sinne nicht nur in Bezug auf die Erkenntnis, in Bezug auf alles Leben. Eine schauerliche Erfüllung des Rousseauismus kam so im 19. Jahrhundert wie ein Reich der Dämonen, die erst kicherten, als die Leute um Rousseau und die andern nach der Natur riefen, die dann hohnlachten, die Natur in einer ahrimanischen Gestalt, in der äußersten ahrimanischen Gestalt an die Menschheit herankommen zu lassen.

> Das ist der Hintergrund. Und wenn wir dann nach dem Mittelgrund sehen, dann kommt die Stimmung des tragischen Karma, jene Stimmung, wo etwas, was unten liegt in den Seelen der heutigen Jugend, nur unter den größten inneren Seelenschwierigkeiten herauf geht in das volle Bewußtsein, etwas, was da unten seit dem Ablauf des Kali Yuga liegt. Dann muß dieser Appell an die Natur gefunden werden, dann muß das alte Götterwirken gefunden werden in alledem, was in der Natur erdet und strömet und luftet und feuert, und was über der Natur leuchtet und west und lebt. Gefunden werden muß er, dieser alte Geist der Natur.[312]

Von diesem «realen Götterwirken» in «alldem, was in der Natur erdet und strömet und luftet und feuert, und was über der Natur leuchtet und west und lebt», hatte in gewisser Weise auch der «Landwirtschaftliche Kurs» gesprochen, ebenso wie die esoterischen wie exoterischen Unterweisungen für die «Jungmediziner» im Januar und April, in jeweils besonderer, berufsbezogener Ausformung. Rudolf Steiner große Jahreszeiten- und Naturerkenntnis-Vorträge, die diesen Ausführungen 1923 vorangegangen waren, gehörten in diesen Zusammenhang – und auch die esoterischen Unterweisungen der «Ersten Klasse» waren ein Schulungsweg für die Wahrnehmung und das Leben mit den Elementen und Hierarchien. Obwohl Rudolf Steiner nicht darüber sprach, hoffte er in gewisser Hinsicht inständig, daß die Jugend diesen Weg finden und gehen – und damit sich selbst und die eigene Sehnsucht tiefer verstehen würde, anstatt erneut Verführungs- und Verfremdungsmächten zum Opfer zu fallen:

> [...] Wie wird vermieden dasjenige, was wie ein Regen wilder Dämonen, aber auch wie ein Regen wilder Täuschungen dem Ruf nach der Natur nachgefolgt ist im 19. Jahrhundert? Das darf nicht so sein! Das 20. Jahrhundert darf nicht ein materialistisches werden! Und so ruft die Stimme des Karma in den

> Seelen der jungen Leute von heute: Wenn Ihr werden lasst das 20. Jahrhundert materialistisch, wie es das 19. war, dann habt Ihr vieles nicht nur von Eurer, sondern von der Menschlichkeit der ganzen Zivilisation verloren.[313]

Die Entscheidungssituationen des 20. Jahrhunderts standen Rudolf Steiner im Juni 1924 – acht Monate vor seinem eigenen Tod – ganz offenbar deutlich vor Augen. Er wußte, daß die kleine, vor ihm sitzende Gruppe junger Landwirte und Gärtner das Schicksal Mitteleuropas und der Zivilisation weder bestimmen noch wenden würde. Dennoch hing offensichtlich viel davon ab, daß die Spiritualität der Zukunft wenigstens von kleinen Gemeinschaften ergriffen und verwirklicht werden würde, generell und in zentralen Lebensgebieten wie der Landwirtschaft.

Die gegenwärtige, anthroposophisch interessierte Jugend sei zwar in vielem noch unbestimmt in ihrem Fühlen; dennoch weise sie, so Steiner, eine gewisse innere Sicherheit vor, eine Sicherheit, «die noch nicht ganz lichtvoll ist, die aber eine gewisse Kraft in sich trägt». Diese «Kraft» gelte es auszubilden, ja zu schulen – durch Erkenntnisarbeit an der Natur:

> Nur darf diese Kraft nicht gebrochen werden, muß nicht gebrochen werden. Dazu möchte aber Anthroposophie ihrerseits auch einiges tun, weil sie glaubt, den konkreten Geist in allen Einzelheiten zu vernehmen: in den Wurzeln der Pflanzen, in den Taten des Lichtes über den Pflanzen, in den seelischen Segnungen der Wärme durch die Pflanzen hindurch, weil sie glaubt, daß alles dasjenige, was wie ein mahnender Ruf zugleich der Menschheit beigegeben worden ist: die Tierheit, weil sie glaubt, daß an dieser Tierheit mannigfaches zu heilen ist. Tiere sind auf der Erde um der Menschen willen. Daß wir uns gegenüber den Tieren wie gegenüber aller Natur in der richtigen Weise verhalten, dazu ist notwendig, daß wir in aller

> Natur die einzelnen geistigen Wesen fühlen, empfinden und zuletzt auch erkennen.[314]

Es gehe nicht darum, so Rudolf Steiner, im allgemeinen über den Geist zu sprechen, sondern vielmehr, *«das geistige Wirken bis in die einzelnen Maßnahmen des landwirtschaftlichen und des sonstigen heutigen natürlichen Betriebes zu suchen. Deshalb war es mir durchaus in tiefster Seele sympathisch, als da kam von Euch die Meinung, es könnte heute noch der eine oder der andere Gedanke gewechselt werden.»*[315]

*

Im Anschluß an diese Worte sprachen sich die im Halbkreis um Rudolf Steiner sitzenden Kursteilnehmer aus. Ihre Stellungnahmen wurden nicht mitstenographiert – Rudolf Steiner aber gingen sie nahe:

> Aus tiefstem Herzen sprachen [...] jüngere Freunde über ihre Sehnsucht, im Schaffen und in der Arbeit an die Einsichten aus dem geistigen Gebiete heranzukommen, die den Menschen mit den wirksamen Kräften der Natur verbinden. Es war eine Aussprache aus dem Innersten der Seele der Jugend heraus, die über den unfruchtbaren Materialismus hinauskommen möchte, der mit der Natur nicht verbindet, sondern den Menschen von ihr trennt und seine Arbeit zur Unfruchtbarkeit verurteilt.[316]

Über den weiteren Fortgang dieses Gespräches schrieb Rudolf Steiner im Rückblick:

> Ich durfte bei dieser Jugendversammlung auf die Wege hinweisen, auf denen diese Sehnsucht sich bewegen sollte, um zu einem Ziele zu kommen.[317]

Der Sehnsucht, «im Schaffen und in der Arbeit an die Einsichten aus dem geistigen Gebiete heranzukommen, die den Menschen mit den wirksamen Kräften der Natur verbinden», habe er, so Rudolf Steiner im zweiten Teil seiner Ansprache (nach den Stellungnahmen), innerhalb des «Landwirtschaftlichen Kurses» durchaus Rechnung zu tragen versucht. Der «nur gedachte Geist» bleibe der Natur fremd – er müsse zu dem innerlich empfundenen und «erarbeiteten Geist» werden:

> Deshalb habe ich in diesem Kursus versucht, ich möchte sagen, aus dem tatsächlichen Erleben heraus die Worte zu finden. Es kann heute nicht anders der Geist gefunden werden, als wenn man auch wiederum die Möglichkeit findet, in naturgegebene Worte ihn zu kleiden; damit werden auch die Empfindungen wieder stark werden. Sehen Sie, denken Sie sich, Sie verwandeln dasjenige, was man heute schon wissen kann – denn die Michael-Zeit ist da –, was scheinbar auch nur in Ideen lebt, in wirkliche Andacht, dann sind Sie auf dem allerbesten Wege. Sie sind auf dem allerbesten Wege, wenn Sie die Dinge in Andacht verwandeln. Ja, was kann dann alles aus den Dingen werden! Meditieren heißt ja: dasjenige, was man weiß, in Andacht verwandeln, gerade die einzelnen konkreten Dinge.[318]

Schließlich sprach Rudolf Steiner am Morgen des 17. Juni noch einmal über den Werdegang der Anthroposophie im endenden 19. und beginnenden 20. Jahrhundert. Er sprach von ihrer oftmals aufgehaltenen Rezeption, dem bürgerlichen Versagen und den gescheiterten Versuchen, sie zu intellektualisieren und zu entfremden – aber auch von seiner Hoffung auf die gegenwärtige Jugend. Rudolf Steiner endete mit weiten Perspektiven, unter erneuter Hinwendung zu Michael und der kommenden Zukunft:

> Bei der jetzigen Jugend kommt es nicht auf die Art an, daß Anthroposophie immer mehr und mehr in Abstraktionen ver-

wandelt wird, immer mehr und mehr in Ideen, Begriffe und sogar in Wissenschaften umgewandelt wird. Nun kommt die Jugend, die all das wiederum nur empfinden, leben will: in Taten – im Begreifen der Natur. Man kann aber nicht dabei stehen bleiben. Das möchte ich heute mit besonderer Stärke betonen.

Man sagte, man schmiede das Michael-Schwert. Es handelt sich auch noch um etwas anderes. Es handelt sich darum, daß nun einmal diese Tatsache in dem okkulten Teil der Welt besteht, daß dasjenige, was als Michael-Schwert hergerichtet werden muß, daß das wirklich im Schmieden auf einen Altar getragen werde, der eigentlich äußerlich nicht sichtbar sein könnte, der unter der Erde liegen müßte, wirklich unter der Erde liegen müßte. Naturgewalten unter der Erde kennenzulernen führt dazu, zu verstehen, daß das Michael-Schwert im Schmieden auf einen Altar getragen werden muß, der unter der Erde ist. Da muß es von empfänglichen Seelen gefunden werden. Es kommt darauf an, daß Sie mittun, indem Sie dazu beitragen, daß von immer mehr und mehr Seelen das Michael-Schwert gefunden werde. Und nicht allein damit ist es getan, daß es geschmiedet werde, sondern es ist damit erst etwas getan, daß es gefunden werde. Haben Sie das starke und zugleich bescheidene Selbstvertrauen als junge Menschen, daß Sie ja karmisch dazu berufen sind, das Michael-Schwert herauszutragen, es zu suchen und zu finden. Dann werden Sie gerade dasjenige haben, was Sie bei solchen Versammlungen, wie der heutigen, suchen. Dann werden Sie auch erkennen dasjenige, was ich Ihnen von der Anthroposophie sagen mußte, von den Schwierigkeiten sagen mußte, die diejenigen hatten, die zwischen dem Doktorexamen und dem Pensionsdekret standen. Und Sie werden daran erkennen, aber nun in recht instinktiv-bildhafter Art, so daß der Geist der Abstraktion, dieser furchtbare ahrimanische Geist, nicht auch Sie berühren kann – denken Sie in mächtigen Bildern daran –, daß zwei Worte sich verbunden haben in dem Streben der Jugend, die eigentlich im 19. Jahrhundert nicht mehr verstanden wurden.

Wenn man so das Wort «Wandervogel» hört, so kommt einem aus diesem Wort das Gefühl: weiß denn heute überhaupt ein gereister Mensch, was in alten Zeiten das Wandern war, was der Wanderer war? Zu bildhaftem Seelenerleben müssen wir wieder zurück. Weiß denn heute ein Mensch noch, wenn er der Vogelwelt gegenübersteht, daß man erst das durchmachen muß, was Siegfried durchmachen mußte, um die Sprache der Vögel zu verstehen? Wandervögel – Wotan, Siegfried: das ist dasjenige, was man erst wieder empfinden, verstehen muß. Man muß erst den Weg finden von der abstrakten Auffassung des Wandervogels zu dem in Wind und Wolken und Wellen des Erdorganismus webenden Wotan und zu der verborgenen Sprache der Vögel, die man kennen lernen muß, indem man zuerst das Siegfried-Erinnern und das Siegfried-Schwert in sich rege macht, das nur die prophetische Vorausnahme des Michael-Schwertes war. Man muß den Weg finden vom Wanderer zu Wotan, den Weg finden, wie man leichten Herzens sich öffnend wieder glauben kann an die verborgene Sprache der Vögel. Sie alle empfinden den Weg vom Wandervogel zum Wotan, zum Siegfried. Und kann man das in seiner Seele tief empfinden, so wird man auch die Möglichkeit finden, die Natur zu empfinden, und wissen um diese Dinge. Und gewinnt man dann die Möglichkeit, auch noch ein wenig träumen zu können, so wird man mit den himmlischen Träumen in der Natur leben können.

Das ist dasjenige, worüber wir zunächst nicht nachdenken, sondern was wir durchempfinden, durchfühlen können. Tut Ihr das, so werdet Ihr eine Gemeinschaft bilden, die nach Eurem Herzen ist, in der Ihr finden werdet, über mancherlei Stufen schreitend, gerade dasjenige, was Ihr sucht. Wollen wir das in unserem Bewußtsein leben lassen, wollen wir damit unsere Seelen erfüllen![319]

*

«Dieses Gespräch der Jugend mit Rudolf Steiner, dem er den Charakter einer esoterischen Stunde verlieh, weil er den heiligen Ernst in unseren Herzen wahrnahm, wurde für uns zur Erkenntnis: *Es gibt auch einen Weg zum Geiste im Schaffen, in der praktischen Arbeit*», so schrieb ein Teilnehmer, der frühere «Landstreicher» und spätere Landwirt Wilhelm Rath.[320] Nach seiner «unvergeßlich mahnenden und zugleich Liebe ausströmenden Ansprache»[321] schritt Rudolf Steiner den Kreis ab und verabschiedete sich von jedem persönlich – «zu jedem von uns trat er hin, und nicht nur gab er jedem die Hand, – mit beiden Händen umschloß er sie [...].»[322]

Danach sprach Rudolf Steiner noch einmal lange mit Johanna von Keyserlingk, gab Carl von Keyserlingk den Brief für Eliza von Moltke, unternahm einen Gang in die Küche des Schlosses – um sich bei den Mitarbeitern zu bedanken – und schrieb ins Gästebuch des Hauses:

In Liebe zum Hause Koberwitz,
Zu guter Anthroposophen Edelsitz,
Kamen wir von neuem,
Zu suchen die Herzen, die treuen,
Zu pflegen den Tatengeist,
Der in diesem Hause beste Wege weist,
Die Liebe, die wir fanden,
Wird bilden schönste Banden.

In allerherzlichstem Dank
Rudolf Steiner[323]

Danach schob er das Gästebuch Frau Marie Steiner zu und sagte: «So, – nun fügen Sie noch einen geistreichen Gedanken hinzu.» «Nein», antwortete sie, «das werde ich nicht tun, ich werde nur meinen Namen schreiben, ich stelle mich lieber in Ihren Schatten.»

Alle Hausbewohner standen bei der Abreise im Flur und vor der Haustür. Rudolf Steiner ging auf jeden einzelnen zu, auch auf den Diener und das Hausmädchen, und reichte ihm wortlos die Hand. Nicht mehr erklang sein dreimaliges gütiges «Auf Wiedersehen». Der Hauch des Abschieds berührte uns.

Die Pfingsttagung in Koberwitz war beendet.[324]

Ihrem Zimmermädchen hatte Marie Steiner das Buch *Wie erlangt man Erkenntnisse höherer Welten?* mit einer Widmung von Rudolf Steiner geschenkt; dann ließ sie sich von Andreas von Grunelius nach Dresden fahren. Rudolf Steiner selbst reiste mit Guenther Wachsmuth, Elisabeth Vreede und den Keyserlingks mit dem Auto nach Breslau, von wo sein Zug nach Jena fuhr, zum «Lauenstein» und den Seelenpflege-bedürftigen Kindern.

Der «Landwirtschaftliche Kurs» sei «doch eine große Sache» gewesen, betonte eine Hausangestellte der Keyserlings, das Zimmermädchen Paula Eckardt, im späteren Rückblick.[325] Dieser Meinung war auch Rudolf Steiner:

> [...] Es lebt mir noch intensiv in der Erinnerung, wie er [...] während der Fahrt zwischen Breslau und Jena nach einer Zeit stillen Nachdenkens in Rückschau auf die vergangene Tagung plötzlich mit starker, freudiger Betonung sagte: *«Nun haben wir auch dieses wichtige Werk geschafft.»* Selten habe ich Rudolf Steiner nach einer vollbrachten Tat so freudig bewegt und sichtbar beglückt erlebt, wie es in diesem Augenblick nach der landwirtschaftlichen Tagung zum Ausdruck kam. (Guenther Wachsmuth[326])

Quellennachweise

Mehrfach zitierte Werke

Bartsch, Hellmut: «Dr. Erhard Bartsch. Gedenken an den Mitbegründer der biologisch-dynamischen Landwirtschaft. Ein Lebens- und Wirkensbild». In: *Lebendige Erde*, 12. Jg., 1961.

Beltle, Erika und Vierl. Kurt (Hg.): *Erinnerungen an Rudolf Steiner.* Stuttgart [1]1979.

Keyserlingk, Adalbert von (Hg.): *Koberwitz 1924. Geburtsstunde einer neuen Landwirtschaft.* Stuttgart [1]1974

Keyserlingk, Johanna von: *Zwölf Tage um Rudolf Steiner.* Manuskriptdruck Stuttgart 1949.

Koepf, Herbert H. und von Plato, Bodo: *Die biologisch-dynamische Wirtschaftsweise im 20. Jahrhundert.* Dornach 2001.

Krück von Poturzyn, M. J. (Hg.): *Wir erlebten Rudolf Steiner. Erinnerungen seiner Schüler.* Stuttgart [3]1967.

Vollmer, Hanna: *Chronik 1924*. Gütersloh/München 2004.

Wachsmuth, Guenther: *Rudolf Steiners Erdenleben und Wirken. Von der Jahrhundertwende bis zum Tode. Die Geburt der Geisteswissenschaft. Eine Biographie.* Dornach [2]1951.

Werke Rudolf Steiners

Erwähnte und zitierte Bände der Rudolf Steiner Gesamtausgabe (GA), Rudolf Steiner Verlag, Dornach:

12 *Die Stufen der höheren Erkenntnis* ([7]1993).

26 *Anthroposophische Leitsätze* ([10]1998).

38 *Briefe.* Band I: 1881–1890 ([3]1985).

77a *Die Aufgabe der Anthroposophie gegenüber Wissenschaft und Technik* (^{1}1997).

103 *Das Johannes-Evangelium* (^{11}1995).

107 *Geisteswissenschaftliche Menschenkunde* (^{5}1988).

186 *Die soziale Grundforderung unserer Zeit – in geänderter Zeitlage* (^{3}1990).

217a *Die Erkenntnis-Aufgabe der Jugend* (^{2}1981).

223 *Der Jahreskreislauf als Atmungsvorgang der Erde und die vier großen Festeszeiten.* GA 223 (^{7}1990).

224 *Die menschliche Seele in ihrem Zusammenhang mit göttlich-geistigen Individualitäten* (^{3}1992).

229 *Das Miterleben des Jahreslaufes in vier kosmischen Imaginationen* (^{8}1999).

233a *Mysterienstätten des Mittelalters* (^{5}1991).

236 *Esoterische Betrachtungen karmischer Zusammenhänge.* Band II (^{6}1988).

239 *Esoterische Betrachtungen karmischer Zusammenhänge.* Band V (^{3}1985).

254 *Die okkulte Bewegung im neunzehnten Jahrhundert und ihre Beziehung zur Weltkultur* (^{4}1986).

257 *Anthroposophische Gemeinschaftsbildung* (^{4}1989).

258 *Die Geschichte und die Bedingungen der anthroposophischen Bewegung im Verhältnis zur Anthroposophischen Gesellschaft. Eine Anregung zur Selbstbesinnung* (^{3}1981).

259 *Das Schicksalsjahr 1923 in der Geschichte der Anthroposophischen Gesellschaft. Vom Goetheanumbrand zur Weihnachtstagung* (1991).

260a *Die Konstitution der Allgemeinen Anthroposophischen Gesellschaft und der Freien Hochschule für Geisteswissenschaft* (^{2}1987).

260 *Die Weihnachtstagung zur Begründung der Allgemeinen Anthroposophischen Gesellschaft 1923/24.* (^{5}1994).

262 Rudolf Steiner/Marie Steiner-von Sivers: *Briefwechsel und Dokumente* (^{2}2002).

266/3 *Aus den Inhalten der esoterischen Stunden.* Band III ([1]1998).

310 *Der pädagogische Wert der Menschenerkenntnis und der Kulturwert der Pädagogik* ([4]1989).

316 *Meditative Betrachtungen und Anleitungen zur Vertiefung der Heilkunst* ([4]2003).

317 *Heilpädagogischer Kurs* ([8]1995).

327 *Geisteswissenschaftliche Grundlagen zum Gedeihen der Landwirtschaft. Landwirtschaftlicher Kurs* ([8]1999).

343 *Vorträge und Kurse über christlich-religiöses Wirken, II* ([1]1993).

Nachweise

1 Rudolf Meyer, in: Keyserlingk, Adalbert, S. 10.
2 Koepf, Herbert H. und von Plato, Bodo, S. 51.
3 GA 327, S. 11 f.
4 Ebd., S. 156.
5 Ebd., S. 21 f.
6 Ebd., S. 90.
7 Ebd., S. 102 f.
8 Ebd., S. 41.
9 GA 217a, S. 157.
10 Ehrenfried Pfeiffer: Rudolf Steiners landwirtschaftlicher Impuls. In: Krück von Poturzyn, S. 173.
11 Ebd., S. 179.
12 GA 239, S. 267 f.
13 Paula Eckardt, in: Keyserlingk, Adalbert, S. 97.
14 Ebd., S. 10.
15 GA 310, S. 75.
16 GA 327, S. 16.
17 Ebd., S. 28.
18 Zit. n. Vollmer, S. 85.
19 Ebd., S. 38.

20 GA 260a, S. 319.

21 Ita Wegman Archiv, Arlesheim.

22 Brief von Ludwig Engel an Ita Wegman, 17. 6. 1924. Ita Wegman Archiv.

23 In: Keyserlingk, Adalbert, S. 83.

24 GA 327, S. 10.

25 Almar von Wistinghausen: *Erinnerungen an den Anfang der biologisch-dynamischen Wirtschaftsweise. Vom landwirtschaftlichen Auftrag Rudolf Steiners und von seinen Schülern.* Darmstadt 1982, S. 23.

26 Manfred Klett: Der Landwirtschaftliche Kurs – ein Pfingstereignis. In: Stefan O. Mahlich (Hg.): *Identität und Offenheit auf der Suche nach einer neuen Landwirtschaftskultur*. Dornach 2006, S. 64.

27 Ebd.

28 GA 327, S. 14; Hervorhebung v. V.

29 Ebd., S. 20.

30 Ebd., S. 234.

31 Koepf, Herbert H., und von Plato, Bodo.

32 Ebd., S. 50.

33 GA 327, S. 10.

34 Ebd., S. 238.

35 Vgl. Peter Selg: *Rudolf Steiner – zur Gestalt eines geistigen Lehrers. Eine Einführung.* Dornach 2007, S. 60 f.

36 Rudolf Steiner: *Briefe I 1881–1891. Mit einer «Skizze eines Lebensabrisses»*. Dornach 1955, S. 34.

37 GA 262, S. 16 (Niederschrift für Edouard Schuré, September 1907).

38 Vgl. Peter Selg: *«Wie eine Art Gottesdienst». Rudolf Steiner, die Oberuferer Spiele und das Weihnachtsfest.* Stuttgart 2008.

39 GA 38, S. 24.

40 GA 327, S. 115 f.

41 GA 107, S. 159.

42 GA 327, S. 166 f.

43 GA 77a, S. 49.
44 GA 266/3, S. 428.
45 GA 254, S. 196.
46 Vgl. Johanna von Keyserlingk: Erste Begegnungen mit Rudolf Steiner. In: Keyserlingk, Adalbert, S. 32 f.
47 Ebd., S. 33.
48 Keyserlingk, Johanna, S. 71.
49 In: Keyserlingk, Adalbert, S. 44.
50 Brief Carl von Keyserlingks an Rudolf Steiner, 13. 8. 1920. Rudolf Steiner Archiv, Dornach.
51 Keyserlingk, Johanna, S. 25.
52 Brief Carl von Keyserlingks an Rudolf Steiner, 13. 8. 1920. Rudolf Steiner Archiv, Dornach.
53 Ebd.
54 In: Keyserlingk, Adalbert, S. 90 f.
55 GA 260a, S. 322.
56 In: Keyserlingk, Adalbert, S. 56.
57 GA 217a, S. 169.
58 Ebd.
59 GA 327, S. 229.
60 Rudolf Meyer: Pfingsttagung in Koberwitz 1924. In: Beltle/Vierl, S. 441.
61 Rudolf Steiner Archiv, Dornach.
62 Ebd.
63 Ebd.
64 Ehrenfried Pfeiffer: Aus meinem Leben (1958). In: Thomas Meyer (Hg.): *Ein Leben für den Geist. Ehrenfried Pfeiffer (1899–1961).* Basel 1999, S. 119 f.
65 Ehrenfried Pfeiffer, zit. n. Alla Selawry: *Ehrenfried Pfeiffer. Pionier spiritueller Forschung und Praxis. Begegnungen und Briefwechsel*. Dornach 1987, S. 62.
66 Ebd., S. 26.
67 Ehrenfried Pfeiffer: Rudolf Steiners landwirtschaftlicher Impuls. In: Krück von Poturzyn, S. 173 f.

68 Wachsmuth, S. 505.

69 Ebd., S. 505 f.

70 Ehrenfried Pfeiffer: Rudolf Steiners landwirtschaftlicher Impuls. In: Krück von Poturzyn, S. 171.

71 Ebd.

72 Vgl. Peter Selg (Hg.): *Eugen Kolisko, Das Wesen und die Behandlung der Maul- und Klauenseuche. Pionierversuche 1920–25.* Dornach 2001.

73 Ehrenfried Pfeiffer: Rudolf Steiners landwirtschaftlicher Impuls. In: Krück von Poturzyn, S. 172.

74 Dr. Ing. J. S. Streicher: Die Angaben Dr. Rudolf Steiners betreffs Verwendung von mineralischen Düngern in der Landwirtschaft, insbesondere über die Notwendigkeit einer Magnesia Düngung (1941). Maschinenschriftliches Typoskript. Rudolf Steiner Archiv, Dornach.

75 Bartsch, S. 4.

76 Ebd. – Hellmuth Bartsch zitierte in diesem Nachruf auf seinen Bruder aus einem Brief Immanuel Voegeles an Erhard Bartsch vom 2. 3. 1951: «... und ich mir niemand außer Rudolf Steiner denken konnte, der zu helfen in der Lage wäre. Wir bräuchten aber auch einen Kurs ähnlich denen für Ärzte, Pädagogen usw. Mir ist noch gut in Erinnerung, wie Du auf meine mehr betrachtend-fragende Haltung spontan und impulsiv reagiertest und in dem Sinne erwidertest: Gehen wir doch darauf zu und packen es an!»

77 Rudolf Steiner Archiv, Dornach.

78 Ebd.

79 Zit. n. Bartsch, S. 4.

80 Ebd.

81 In: Keyserlingk, Adalbert, S. 57.

82 Ebd., S. 93.

83 Zit. n. Karl Lang: *Lebensbegegnungen.* Benefeld 1972, S. 6.

84 Zit. n. GA 259, S. 863.

85 Rudolf Steiner Archiv, Dornach.

86 Ehrenfried Pfeiffer: Rudolf Steiners landwirtschaftlicher Impuls. In: Krück von Poturzyn, S. 172.

87 GA 327, S.10.

88 In: Keyserlingk, Adalbert, S. 94.

89 Rudolf Steiner Archiv, Dornach.

90 Ebd.

91 Rudolf Steiner Archiv, Dornach.

92 Ebd.

93 Ebd.

94 Ebd.

95 Brief Carl von Keyserlingks an Guenther Wachsmuth, 12. 5. 1924. Rudolf Steiner Archiv, Dornach.

96 Archiv am Goetheanum.

97 Rudolf Steiner Archiv.

98 GA 233a, S. 134 f.

99 Rudolf Steiner: *Die verborgenen Seiten des Menschendaseins und der Christus-Impuls.* Dornach 1939, S. 33.

100 Vgl. hierzu u. a. Peter Selg: *Anfänge anthroposophischer Heilkunst.* Dornach 2000 und Peter Selg: *«Ich bin für Fortschreiten». Ita Wegman und die Medizinische Sektion.* Dornach [1]2002 (Kapitel 1).

101 GA 262, S. 328.

102 Annemarie Dubach-Donath: *Die Kunst der Eurythmie. Erinnerungen.* Dornach 1983, S. 124.

103 GA 257, S. 11.

104 GA 259, S. 208.

105 Ebd., S. 484.

106 Ebd., S. 251.

107 Ebd., S. 344.

108 GA 260a, S. 371.

109 Ebd., S. 434.

110 GA 260, S. 212.

111 Ebd., S. 93 f.

112 Vgl. Peter Selg: *Die Gestalt Christi. Rudolf Steiner und die gei-*

stige Intention des zentralen Goetheanum-Kunstwerkes. Arlesheim 2008.

113 GA 233a, S. 134 f.

114 Christoph Lindenberg: *Rudolf Steiner. Eine Chronik. 1861–1925.* Stuttgart 1988, S. 504.

115 Vgl. Peter Selg: *«Ich bleibe bei Ihnen». Rudolf Steiner und Ita Wegman. München 1907 – Dornach 1923–1925.* Stuttgart 2007 und Peter Selg: *Rudolf Steiner und die Freie Hochschule für Geisteswissenschaft. Die Begründung der «Ersten Klasse».* Arlesheim 2008.

116 Wachsmuth, S. 547 f.

117 GA 186, S. 122.

118 In: Keyserlingk, Adalbert, S. 93.

119 GA 327, S. 236.

120 Ita Wegman: Notizbucheintragung (1931). Ita Wegman Archiv.

121 Vgl. Peter Selg: *«Die Medizin muß Ernst machen mit dem geistigen Leben». Rudolf Steiners Hochschulkurse für die «jungen Mediziner».* Dornach 2006.

122 GA 260a, S. 489.

123 GA 223, S. 86.

124 GA 224, S. 14.

125 GA 239, S. 80.

126 Vgl. Peter Selg (Hg.): Ita Wegman: *Erinnerung an Rudolf Steiner.* Arlesheim 2009.

127 GA 236, S. 244.

128 Ebd., S. 241.

129 Ebd., S. 248.

130 Ebd., S. 252.

131 In: Keyserlingk, Adalbert, S. 57.

132 Ebd., S. 57 f.

133 Keyserlingk, Johanna, S. 3.

134 Kurt von Wistinghausen: Die Breslauer Jugendansprachen Rudolf Steiners, Juni 1924. In: GA 217a, S. 212.

135 In: Keyserlingk, Adalbert, S. 58.

136 Keyserlingk, Johanna, S. 3.

137 Vgl. Peter Selg: *Edith Maryon, Rudolf Steiner und die Christus-Plastik.* Dornach 2006.

138 Johanna von Keyserlingk, in: Keyserlingk, Adalbert, S. 94.

139 Ebd.

140 GA 327, S. 236.

141 Kurt von Wistinghausen: Die Breslauer Jugendansprachen Rudolf Steiners Juni 1924. In: GA 217a, S. 212.

142 So Johanna von Keyserlingk (In: Keyserlingk, Johanna, S. 4).

143 Alexander von Keyserlingk, in: Keyserlingk, Adalbert, S. 94.

144 Ebd., S. 112 f.

145 Rudolf von Koschützki: Erinnerungen eines Priesters. In: Beltle/Vierl, S. 316.

146 Keyserlingk, Johanna, S. 5.

147 GA 327, S. 25.

148 Ebd., S. 25 f.

149 Ebd., S. 26.

150 Ebd., S. 32.

151 Brief vom 10. 6. 1924. Ita Wegman Archiv, Arlesheim.

152 GA 327, S. 236.

153 Keyserlingk, Johanna, S. 7.

154 Ebd., S. 7 f.

155 Karin Ruths-Hoffman, in: Keyserlingk, Adalbert, S. 116.

156 Rudolf von Koschützki: Erinnerungen eines Priesters. In: Beltle/Vierl, S. 316.

157 Ita Wegman Archiv, Arlesheim.

158 In: Keyserlingk, Adalbert, S. 63 f.

159 Keyserlingk, Johanna, S. 16.

160 Ita Wegman Archiv, Arlesheim.

161 Ebd.

162 In: Keyserlingk, Adalbert, S. 11.

163 In: Keyserlingk, Johanna, S. 78.

164 Ebd., S. 9.

165 Ita Wegman Archiv, Arlesheim.

166 Keyserlingk, Johanna, S. 10.

167 GA 327, S. 11.

168 GA 229, S. 19.

169 Keyserlingk, Johanna, S. 10 f.

170 In: Keyserlingk, Adalbert, S. 62.

171 Rudolf Steiner: GA 316, S. 70 f.

172 In: Keyserlingk, Adalbert, S. 63.

173 Keyserlingk, Johanna, S. 42.

174 In: Keyserlingk, Adalbert, S. 59.

175 In: Keyserlingk, Johanna, S. 75.

176 Ludwig Engel, in: Keyserlingk, Adalbert, S. 107.

177 Brief Ludwig Engels an Ita Wegman, 27. 5. 1924. Ita Wegman Archiv, Arlesheim.

178 Ludwig Engel, in: Keyserlingk, Adalbert, S. 107.

179 Vgl. hierzu Ludwig Engel: Patientenvorstellungen in Koberwitz. In: *Rundbrief der Medizinischen Sektion*. Nr. 19/1996.

180 Ita Wegman Archiv, Arlesheim.

181 Ludwig Engel, in: Keyserlingk, Adalbert, S. 108.

182 Ebd., S. 59.

183 Ebd., S. 66.

184 Vgl. Emanuel Zeylmans van Emmichoven: *Wer war Ita Wegman. Eine Dokumentation.* Band 1. Heidelberg 1990, S. 202 ff.

185 In: Keyserlingk, Adalbert, Ebd., S. 94.

186 Ebd., S. 97.

187 Johanna von Keyserlingk, ebd., S. 101.

188 Ebd., S. 64.

189 Ebd., S. 70.

190 Keyserlingk, Johanna, S. 33.

191 Ebd., S. 34. Vgl. Thomas Meyer (Hg.): *Helmuth von Moltke 1948–1916. Dokumente zu seinem Leben und Wirken. Band 2. Briefe von Rudolf Steiner an Helmuth und Eliza von Moltke.* Basel [1]1993, S. 298 f.

192 Keyserlingk, Johanna, S. 31.

193 Moritz Bartsch: Ein Schlesier berichtet. In: Beltle/Vierl, S. 474.
194 In: Keyserlingk, Adalbert, S. 68.
195 Ebd., S. 111.
196 GA 327, S. 16.
197 Rudolf von Koschützki: Erinnerungen eines Priesters. In: Beltle/Vierl, S. 317.
198 Wachsmuth, S. 586.
199 Ita Wegman Archiv, Arlesheim.
200 GA 327, S. 85.
201 Ebd., S. 86.
202 Ebd., S. 122.
203 Ebd., S. 179.
204 Ebd., S. 160.
205 Ebd., S. 40 f.
206 Ebd., S. 30 f.
207 Ebd., S. 122.
208 Ebd., S. 208 f.; Hervorhebung v. V.
209 Ebd., S. 54.
210 Ebd., S. 60.
211 Ebd., S. 82.
212 Ebd., S. 182 f.
213 Ebd., S. 83.
214 Ebd., S. 91.
215 Ebd., S. 95.
216 Ebd., S. 11.
217 Ebd., S. 12; Hervorhebung v. V.
218 Ebd., S. 76.
219 Ebd., S. 123.
220 Ebd., S. 152.
221 Ebd., S. 168.
222 Ebd., S. 38.
223 Ebd., S. 170.
224 Ebd.
225 Ebd., S. 170 f.

226 GA 317, S. 39.

227 GA 103, S. 201.

228 Rudolf von Koschützki: Erinnerungen eines Priesters. In: Beltle/Vierl, S. 316.

229 Ebd.

230 GA 327, S. 104 f.

231 Ebd., S. 77.

232 Ebd., S. 73 f.

233 Ebd., S. 77 f.

234 Ebd., S. 115.

235 GA 26, S. 118.

236 GA 327, S. 112 f.

237 Ebd., S. 116 f.

238 Ebd., S. 50.

239 Ebd., S. 131.

240 Ebd., S. 215.

241 Ebd., S. 59.

242 Ebd., S. 156 f.

243 GA 316, S. 137.

244 Vgl. Peter Selg: *Die Briefkorrespondenz der «jungen Mediziner». Eine dokumentarische Studie zur Rezeption von Rudolf Steiners «Jungmedizinerkursen»*. Dornach 2005.

245 GA 327, S. 236 f.

246 Ebd., S. 13.

247 Ebd., S. 233.

248 Ebd., S. 216 f.

249 Wilhelm Rath: Anthroposophischer Landbau. In: Beltle/Vierl, S. 464.

250 Ebd., S. 443.

251 Ita Wegman Archiv, Arlesheim.

252 Moritz Bartsch: Ein Schlesier berichtet. In: Beltle/Vierl, S. 477.

253 GA 239. GA 239, S. 123.

254 Ebd., S. 129; Hervorhebung v. V.

255 Ebd., S. 143.

256 Ebd., S. 144.
257 Ebd., S. 145.
258 Ebd., S. 149 f.
259 Ebd., S. 150.
260 Ebd., S. 152.
261 Ebd., S. 137.
262 Ebd., S. 139; Hervorhebung v. V.
263 Ebd., S. 182 f.
264 Ebd., S. 244 f.
265 Ebd., S. 266.
266 In: Keyserlingk, Adalbert, S. 11.
267 Ebd., S. 67.
268 GA 260a, S. 318.
269 Ebd.
270 Ebd., S. 105.
271 GA 217a, S. 124.
272 Ebd., S. 127.
273 Ebd., S. 130.
274 Kurt von Wistinghausen, in: Keyserlingk, Johanna, S. 74.
275 GA 217a, S. 137.
276 Ebd., S. 139.
277 Ebd., S. 142.
278 Ebd., S. 141.
279 Ebd., S. 147.
280 Vgl. GA 258.
281 GA 217a, S. 142.
282 GA 260a, S. 74 f.
283 GA 316, S. 79.
284 GA 217a, S. 144 f.; Hervorhebung v. V.
285 Ebd., S. 145; Hervorhebung v. V.
286 Ebd., S. 145 f.
287 Ebd., S. 148.
288 Zit. n. Vollmer, S. 63.
289 GA 217a, S. 154.

290 Ebd., S. 155.

291 Zit. n. Peter Selg: Goethes Naturwissenschaft als objektiver Realismus. In: Peter Selg: *Vom Logos menschlicher Physis. Die Entfaltung einer anthroposophischen Humanphysiologie im Werk Rudolf Steiners.* Dornach [1]2000, S. 51 f.

292 GA 12, S. 37.

293 GA 343, S. 97.

294 GA 217a, S. 151.

295 Ebd., S. 151 f.

296 In: Keyserlingk, Johanna, S. 74.

297 In: GA 217a, S. 214.

298 Ebd., S. 159.

299 Ebd.

300 In: Keyserlingk, Adalbert, S. 12.

301 GA 217a, S. 160.

302 In: Keyserlingk, Johanna, S. 74.

303 In: Keyserlingk, Adalbert, S. 117.

304 GA 217a, S. 153.

305 In: Keyserlingk, Adalbert, S. 99.

306 Keyserlingk, Johanna, S. 32.

307 Vgl. Nik Fiechter: Eine Heilmeditation für ein Kind. In: *Mitteilungen aus der anthroposophischen Arbeit in Deutschland*. Nr. 131/1980.

308 Wachsmuth, S. 587 f.

309 Kurt von Wistinghausen: Die Breslauer Jugendansprachen Rudolf Steiners, Juni 1924. In: Beltle/Vierl, S. 457.

310 GA 217a, S. 162 f.

311 Ebd., S. 163.

312 Ebd., S. 164 f.

313 Ebd., S. 165.

314 Ebd., S. 164.

315 Ebd., S. 166.

316 Ebd., S. 161.

317 Ebd.

318 Ebd., S. 169 f.

319 Ebd., S. 174 ff.

320 In: Keyserlingk, Adalbert, S. 114; Hervorhebung v. V.

321 Kurt von Wistinghausen: Die Breslauer Jugendansprachen Rudolf Steiners, Juni 1924. In: Beltle/Vierl, S. 458.

322 Johanna von Keyserlingk, in: S. Keyserlingk, Adalbert, S. 75.

323 Luise von Zastrow, in: Keyserlingk, Adalbert, S. 102.

324 Ebd.

325 Ebd., S. 99.

326 Wachsmuth, S. 593.

Buchveröffentlichungen des Ita Wegman Instituts für anthroposophische Grundlagen-forschung

PETER SELG

A Studien zur Werkbiographie Rudolf Steiners

Die Arbeit des Einzelnen und der Geist der Gemeinschaft. Rudolf Steiner und das Soziale Hauptgesetz. Dornach 2007

Vom Umgang mit Rudolf Steiners Werk. Ursprung, Krise und Zukunft des Dornacher Goetheanums. Dornach 2007

Rudolf Steiner – Zur Gestalt eines geistigen Lehrers. Eine Einführung. Dornach 2007

Rudolf Steiners innere Situation zur Zeit der «Philosophie der Freiheit». Eine Studie. Dornach 2007

Rudolf Steiner und die freie Hochschule für Geisteswissenschaft. Die Begründung der «Ersten Klasse». Arlesheim 2008

Rudolf Steiners Toten-Gedenken. Die Verstorbenen, der Dornacher Bau und die Anthroposophische Gesellschaft. Arlesheim 2008

B Studien zu Ita Wegman

«Ich bin für Fortschreiten». Ita Wegman und die Medizinische Sektion. Dornach 2002

Die letzten drei Jahre. Ita Wegman in Ascona 1940–1943. Dornach 2004

Geistiger Widerstand und Überwindung. Ita Wegman 1933–1935. Dornach 2005

Sterben, Tod und geistiges Leben. Die Kondolenzbriefe Ita Wegmans und das Todesverständnis der anthroposophischen Geisteswissenschaft. Dornach 2005

Ita Wegman und Arlesheim. Dornach 2006

«Ich bleibe bei Ihnen». Rudolf Steiner und Ita Wegman. München, Pfingsten 1907. Dornach, 1923–1925. Stuttgart 2007

Liane Collot d'Herbois und Ita Wegman. Dornach 2008
(Hg.) *Ita Wegman: Erinnerung an Rudolf Steiner.* Arlesheim 2009

C Studien zu weiteren Schülern und Mitarbeitern Rudolf Steiners

Michael Bauer. Ein esoterischer Schüler Rudolf Steiners. Dornach 2006
Marie Steiner-von Sivers. Aufbau und Zukunft des Werkes von Rudolf Steiner. Dornach 2006
Edith Maryon. Rudolf Steiner und die Dornacher Christus-Plastik. Dornach 2006
Karl König und die Anthroposophie. Zur Spiritualität eines esoterischen Christen im 20. Jahrhundert. Dornach 2006
Christian Morgenstern. Sein Weg mit Rudolf Steiner. Stuttgart 2008

D Studien zu den geistigen Grundlagen der anthroposophischen Medizin

Krankheit und Christus-Erkenntnis. Anthroposophische Medizin als christliche Heilkunst. Dornach 2001
Krankheit, Heilung und Schicksal des Menschen. Über Rudolf Steiners geisteswissenschaftliches Pathologie- und Therapieverständnis. Dornach 2004
(Hg.): Rudolf Steiner – Quellentexte für die Wissenschaften. Band 3: Physiologische Menschenkunde. Band 4. Pathologie und Therapie. Dornach 2004
Mysterium cordis. Studien zu einer sakramentalen Physiologie des Herzorganes. Aristoteles – Thomas von Aquin – Rudolf Steiner. Dornach 2003
Die «Wärme-Meditation». Geschichtlicher Hintergrund und ideelle Beziehungen. Dornach 2005
Christliche Medizin. Die ideellen Beziehungen des Christentums zur Heilkunde und die Anthroposophische Medizin. Dornach 2005
Vom Logos menschlicher Physis. Die Entfaltung einer anthroposophischen Humanphysiologie im Werk Rudolf Steiners. Dornach [2]2006

E Studien zur Geschichte der anthroposophischen Medizin

Anfänge anthroposophischer Heilkunst. Ita Wegman, Friedrich Husemann, Eugen Kolisko, Willem Zeylmans van Emmichoven, Karl König, Gerhard Kienle. Dornach 2000

(Hg.): Anthroposophische Ärzte. Lebens- und Arbeitswege im 20. Jahrhundert. Dornach 2000

(Hg.): Eugen Kolisko: Das Wesen und die Behandlung der Maul- und Klauenseuche. Dornach 2001

Helene von Grunelius und Rudolf Steiners Kurse für junge Mediziner. Eine biographische Studie. Dornach 2003

Gerhard Kienle. Leben und Werk. 2 Bände. Dornach 2003

Die Briefkorrespondenz der «jungen Mediziner». Eine dokumentarische Studie zur Rezeption von Rudolf Steiners «Jungmediziner»-Kursen. Dornach 2005

«Die Medizin muss Ernst machen mit dem geistigen Leben». Rudolf Steiners Hochschulkurse für die «jungen Mediziner». Dornach 2006

(Hg.): Ita Wegman: Medizinisch-Therapeutische Korrespondenzen. Dornach 2007

(Hg.): «Und in der Tat, dies wirkte». Die Krankengeschichten des Buches «Grundlegendes für eine Erweiterung der Heilkunst nach geisteswissenschaftlichen Erkenntnissen» von Rudolf Steiner und Ita Wegman. Eine Dokumentation. Dornach 2007

F Studien zur anthroposophischen Pädagogik und Heilpädagogik

(Hg.): Eugen Kolisko. Vom therapeutischen Charakter der Waldorfschule. Dornach 2002

(Hg.): Georg von Arnim. Meditative Aufzeichnungen. Dornach 2002

Der Engel über dem Lauenstein. Siegfried Pickert, Ita Wegman und die Heilpädagogik. Dornach 2005

Eine «grandiose Metamorphose». Zur geisteswissenschaftlichen Anthropologie und Pädagogik des Jugendalters. Dornach 2005

Der therapeutische Blick. Rudolf Steiner sieht Kinder. Dornach 2005

Willfried Immanuel Kunert. Zur Lebens- und Therapiegeschichte eines Kindes aus dem «Heilpädagogischen Kurs». Dornach 2006

Ita Wegman und Karl König. Eine biographische Dokumentation. Dornach 2007

(Hg.): Karl König: Das Seelenpflege-bedürftige Kind. Vom Wesen der Heilpädagogik. Stuttgart 2008

(Hg.): Karl König: Meine zukünftige Aufgabe. Autobiographische Aufzeichnungen und lebensgeschichtliche Zeugnisse. Stuttgart 2008

G Studien zur anthroposophischen Christologie

(Hg.): Es war einer krank. Die Heilungen in den Evangelien. Stuttgart 2003

Rudolf Steiner und das Fünfte Evangelium. Eine Studie. Dornach 2005

Die Kultur der Selbstlosigkeit. Rudolf Steiner, das Fünfte Evangelium und das Zeitalter der Extreme. Dornach 2006

Die Gestalt Christi. Rudolf Steiner und die geistige Intention des zentralen Goetheanum-Kunstwerkes. Arlesheim 2008

«Wie eine Art Gottesdienst». Rudolf Steiner, die Oberuferer Spiele und das Weihnachtsfest. Stuttgart 2008

Das Ereignis der Jordantaufe. Epiphanias im Urchristentum und in der Anthroposophie Rudolf Steiners. Stuttgart 2008

H Weitere biographische Arbeiten

Friedrich Schiller. Die Geistigkeit des Willens. Dornach 2005

Der geistige Weg von Hans und Sophie Scholl. Dornach 2006

Rainer Maria Rilke und Franz Kafka. Lebensweg und Krankheitsschicksal im 20. Jahrhundert. Dornach 2007

«Alles ist unvergessen.» Paul Celan und Nelly Sachs. Dornach 2008

Peter Selg, Prof. Dr. med., geboren 1963 in Stuttgart, Medizinstudium an der Privatuniversität Witten-Herdecke, Facharzt für Kinder- und Jugendpsychiatrie und -psychotherapie, langjährige ärztliche Tätigkeit im Gemeinschaftskrankenhaus Herdecke. Professor für medizinische Anthropologie an der Alanus Hochschule für Kunst und Gesellschaft (Alfter) und Leiter des Ita Wegman Instituts für anthroposophische Grundlagenforschung (Arlesheim). Zahlreiche Publikationen zu geisteswissenschaftlicher Anthropologie, Medizin und Pädagogik, zur Geistesgeschichte und Biographik.

Ita Wegman Institut für anthroposophische Grundlagenforschung
Pfeffinger Weg 1A
CH-4144 Arlesheim
www.wegmaninstitut.ch

Die Arbeiten des Ita Wegman Instituts werden von verschiedenen Stiftungen – in erster Linie der Software AG-Stiftung (Darmstadt) – sowie einem internationalen Freundes- und Förderkreis unterstützt.